Lokomotiven

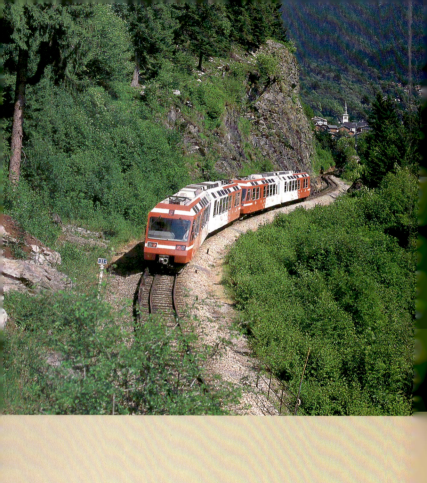

Inhalt

Dampflokomotiven	4
Diesellokomotiven	124
Elektrolokomotiven und Triebwagen	216
Register	344
Abkürzungsverzeichnis/Bauarten	350

Dampflokomotiven

DAMPFLOKOMOTIVEN

Stephensons „Rocket"

Mit der „Rocket" beginnt das Zeitalter der Dampflokomotive. Als 1829 das Gefährt mit einer Dienstmasse von 4,32 t die Fabrik von George und Robert Stephenson verließ, konnte noch niemand ahnen, dass die Dampflokomotive in den folgenden Jahrzehnten die Mobilität einschneidend und nachhaltig verändern sollte. Dass sich die Konstrukteure auf ihre Maschine verlassen konnten, bewies die „Rocket" als Siegerin eines Zeitfahrens auf der Strecke Manchester–Liverpool. Mit für damalige Verhältnisse berauschenden 60 km/h untermauerte sie ihren Ruf als zu jener Zeit zuverlässigste und leistungsfähigste Dampflok. Die „Rakete" blieb zwar ein Unikat, leitete aber eine neue Ära der Fortbewegung ein.

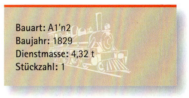

Bauart: A1'n2
Baujahr: 1829
Dienstmasse: 4,32 t
Stückzahl: 1

33.501–508

Wer vom Orient-Express träumt, kommt an dieser Lok nicht vorbei. In einer Koproduktion deutscher (Hanomag) und österreicherischer Ingenieurskunst fand diese Baureihe ihr Einsatzgebiet in der Türkei, einem Land zwar mit geringer

Bauart: Cn2
Baujahre: 1871–1875
Dienstmasse: 36 t
Stückzahl: 54

Netzdichte, aber einer alten Tradition, was Dampflokomotiven betrifft. 100-jährige Loks sind keine Seltenheit und sogar heute noch vereinzelt zu sehen, auch wenn der Orient-Express inzwischen auf anderen Gleisen und mit modernerem Material fährt.

DAMPFLOKOMOTIVEN

Reihe Cs

Denkt man an Dänemark, fallen einem, was die Transportmöglichkeiten angeht, vorrangig Fähren und Wassertransportmittel ein. Dabei schrieb man das Jahr 1844, als die erste dänische Eisenbahn fuhr. Mit der Reihe Cs, die zwischen 1875 und 1877 in der Maschinenfabrik Esslingen gebaut wurde, begann der Siegeszug der Eisenbahnen auch in Dänemark. Mit 90 km/h brausten die Cs-Maschinen erst auf Seeland, später auch auf Jütland und Falster. Die letzte Lok der Baureihe verrichtete bis 1932 ihren Dienst und steht heute in einem Museum.

Bauart: B1'n2
Baujahre: 1875–1877
Länge über Puffer: 11.950 mm
Dienstmasse: 29,3 t
Stückzahl: 12

DAMPFLOKOMOTIVEN

Baureihe 99.750 (sä I K)

Eine klassische Schmalspurbahn-Lokomotive, die auf sächsischen Gleisen fuhr. Gebaut wurde sie zwischen 1881 und 1891. Zu jener Zeit hatte es zwar bereits mit der Reichsgründung 1871 Versuche einer Einheitlichkeit auch im Verkehrswesen gegeben, dennoch waren die Schienenwege immer noch geprägt durch die kleinen Staatsbahnen. So erklärt es sich auch, dass die Baureihe unterschiedliche Kesselaufbauten hatte, je nachdem, ob die Zittau-Oybin-Jonsdorfer Eisenbahn (ZOJE) oder die Staatsbahn die Loks betrieben. Der letztere Betreiber kuppelte 1913 vier Loks zu zwei Doppelloks zusammen, was die etwas gedrungenen Maschinen zwar nicht unbedingt windschnittiger, aber entsprechend zugkräftiger machte. Das letzte dieser Pärchen wurde erst 1923 wieder getrennt.

Bauart: Cn2t
Baujahre: 1881–1891
Länge über Puffer: 5630/5740 mm
Dienstmasse: 15,45–16,8 t
Stückzahl: 44

DAMPFLOKOMOTIVEN

Dampflok 701/702/703

Von der auch als **Achenseebahn** bekannten Lok gibt es nur drei Exemplare. Mit einer Leistung von 132 kW nahmen die Maschinen 1888 am österreichischen Achensee ihren Betrieb als Zahnraddampfloks auf. Drei voneinander unabhängige Bremsen sorgen auf Gefällestrecken für die erforderliche Betriebssicherheit, auf flachen Strecken sorgen Kuppelstangen für die Kraftübertragung auf die Adhäsionsräder.

Bauart: Bztn2
Baujahre: 1888/1889
Leistung: 132 kW
Länge über Puffer: 5650 mm
Dienstmasse: 18,26 t
Stückzahl: 3

Baureihe 36.70 (pr. P 4.1)

Als 1890 die Eisenbahndirektion Hannover von der Lokomotivfabrik Henschel die ersten 2'B-Maschinen in Auftrag gab, stellte sich schnell heraus, dass diese Lokomotiven hervorragend für ihren Einsatz im Schnell- und Personenzugdienst geeignet waren. Zwei Jahre später wurden die Maschinen von dem Konstrukteur von Borries weiterentwickelt: Die P 4.1 arbeitete mit einfacher, die P 4.2 mit doppelter Dampfdehnung. Nach einer wechselvollen Geschichte wurde 1927 die letzte der 473 gebauten Lokomotiven ausgemustert.

Bauart: 2'Bn2
Baujahre: 1892–1898
Länge über Puffer: 17.511 mm
Dienstmasse: 48,4 t
Stückzahl: 473

DAMPFLOKOMOTIVEN

Baureihe 89.70 (pr. T 3)

Auch Lokomotiven können Preise gewinnen! Auf der Weltausstellung in Chicago 1893 errang diese Baureihe nur ein Jahr, nachdem die erste Lok aus der Fabrik gekommen war, den Konstrukteurspreis. Als besonders preiswürdig wurde mit 212 kW ihre Leistungsfähigkeit bewertet. Dabei war sie wartungsarm und zudem vielfältig einsetzbar. Dennoch erfuhr die erste preußische Tenderlok mit drei Kuppelachsen eine Reihe von Überarbeitungen bis ins Jahr 1910, als die letzte der insgesamt 1550 Lokomotiven aus der Fabrik auf die Gleise rollte.

Bauart: Cn2t
Baujahre: 1892–1910
Länge über Puffer: 8591 mm
Leistung: 212 kW
Dienstmasse: 35,9 t
Stückzahl: ca. 1550

Baureihe 13.0 (pr. S 3)

11 Jahre lang, von 1893 bis 1904, war die 13.0 in Preußen die Standardlokomotive für den Schnellzugverkehr. Die ursprüngliche Konstruktion von August von Borries wurde im Laufe der Jahre kaum verändert, was für die Leistung dieses großen Ingenieurs spricht. Erst als um die Jahrhundertwende der Siegeszug der Heißdampflokomotiven begann, wurde die 13.0 von den Gleisen verdrängt.

Bauart: 2'Bn2v
Baujahre: 1893–1904
Länge über Puffer: 17.561 mm
Dienstmasse: 50,5 t
Stückzahl: 1068

Baureihe 55 (pr. G 7)

Die industrielle Revolution wirkte sich auch auf den Schienenverkehr aus. Die größeren Produktionsmengen verlangten auch nach immer leistungsfähigeren Transportmöglichkeiten – Güterwaggons mit 15 t Tragfähigkeit wurden die Regel. Das war von den bis dahin verwendeten Lokomotiven kaum noch zu bewältigen. Mit der Baureihe 55, die auf den Vorgängermodellen der 54er-Baureihe basierte, kamen vierfach gekuppelte Loks in Mode, die mit einer Leistung von 485 kW den damaligen Anforderungen genügte. Erst 1966 wurde die letzte dieser Maschinen von der Reichsbahn ausgemustert.

Bauart: Dn2
Baujahre: 1893–1916
Leistung: 485 kW
Länge über Puffer: 16.613 mm
Dienstmasse: 52,6 t
Stückzahl: 1235

DAMPFLOKOMOTIVEN

Baureihe 90.0 (pr. T 9.1)

Noch wesentlich kräftiger als die 89.70 war mit 328 kW die Baureihe 90.0, die ebenfalls ab 1892 in Serie ging. Die Tenderlok ist schon von weitem durch ihre weit nach hinten versetzte Adams-Achse identifizierbar. Mit ihren 328 kW konnte sie auf ebenen Strecken 350 t bei einer Geschwindigkeit von 60 km/h schleppen, und auch bei Steigungen ging ihr kaum die Puste aus. Für die Zuverlässigkeit und Langlebigkeit der Maschine spricht, dass das letzte Exemplar erst 1953 in Halle ausgemustert wurde.

Bauart: C1'n2t
Baujahre: 1892–1902
Leistung: 328 kW
Länge über Puffer: 11.320 mm
Dienstmasse: 54,5 t
Stückzahl: 408

DAMPFLOKOMOTIVEN

Baureihe 36.7 (bay. B XI Verbundlok)

Technische Neuerungen wie die Druckluftbremse führten zu einer Erhöhung der Fahrgeschwindigkeiten. Tempo allein aber ist nicht das einzige Kriterium: Zwar erreichte die 36.7 mit ihrem Zwillingstriebwerk 70 km/h in der Ebene, ihre Schleppleistung aber war mit 270 t nicht ausreichend. Erst als ab 1895 eine Verbundvariante dieser Lok eingesetzt wurde, erhöhte sich die Leistungsfähigkeit auf 350 t. Auch hier machten Innovationen der Technik wie eine Anfahrtvorrichtung der Bauart Mallet diese Entwicklung erst möglich.

Bauart: 2'Bn2v
Baujahre: 1895–1900
Länge über Puffer: 16.986 mm
Dienstmasse: 51 t
Stückzahl: 100

Baureihe 55.7 (pr. G 7.2)

Aufbauend auf der Baureihe 55 wurde mit der 55.7 auch in Preußen ein Heißdampfzwilling zu einer Verbundvariante weiterentwickelt. Das war vor allem im Streckendienst rentabler, denn die 55.7 überzeugte durch geringere Verbrauchswerte, sodass die letzten Exemplare bis 1945 ihren Dienst versahen.

Bauart: Dn2v
Baujahre: 1895–1911
Leistung: 569 kW
Länge über Puffer: 16.620 mm
Dienstmasse: 54,4 t
Stückzahl: 1646

Baureihe 71.0 (pr. T 5.1)

Auffällig an der 71.0, die ausschließlich in Berlin eingesetzt wurde, waren einige technische Neuerungen. So wurde erstmals eine Heusinger-Steuerung eingesetzt, der Wasservorrat wurde durch einen Rahmenbehälter gewährleistet und nicht, wie bis dahin üblich, durch seitlich angebrachte Vorratsbehälter. Trotz des innovativen Einsatzes von neuen Konstruktionsmerkmalen hatte die Lok mit technischen Schwierigkeiten zu kämpfen: Wegen des geringen Abstandes der Kuppelachsen geriet die Maschine bei höherem Tempo ins Schlingern.

Bauart: 1'B1'n2t
Baujahre: 1895–1905
Länge über Puffer: 11.260 mm
Dienstmasse: 53,2 t
Stückzahl: 309

DAMPFLOKOMOTIVEN

Baureihe 36.9 (sä. VIII V 2)

Besser geeignet für die zahlreichen hügeligen Strecken in Sachsen als die 13.15 waren die Lokomotiven der Baureihe 36.9. Von der Konstruktion her ähnlich – auch hier handelte es sich um Maschinen mit doppelter Dampfdehnung – waren sie vor allem auf Steigungsstrecken wesentlich leistungsfähiger. Sie wurden sowohl im Güter- als auch im Personenverkehr eingesetzt. Erst gegen 1910 wurden die Lokomotiven von der Baureihe 38.2 von den Gleisen verdrängt.

Bauart: 2'Bn2v
Baujahre: 1896–1902
Länge über Puffer: 16.638 mm
Dienstmasse: 49,5 t
Stückzahl: 118

DAMPFLOKOMOTIVEN

Reihe F

Etwas ist faul im Staat Dänemark – das trifft sicherlich nicht auf die kleine Dampflok der Reihe F zu. Es gibt wohl kaum eine andere Lokomotive, deren Plandienstjahre auf über 75 Jahre ausgelegt war. Tatsächlich wurde diese Lokomotive denn auch bis 1949 gebaut, und da die dänischen Strecken erst in den 1980er-Jahren elektrifiziert wurden, gehörte die Reihe F in Dänemark zum normalen Erscheinungsbild des Bahnverkehrs.

Bauart: C
Baujahre: 1898–1949
Leistung: 300 kW
Länge über Puffer: 9170 mm
Dienstmasse: 37–39 t
Stückzahl: 120

Serie Od

Als **1895 die Serie Od** in Estland erstmals auf die Gleise rollte, war das Land noch Teil des russischen Reiches. Die damaligen Machthaber hatten aber schnell erkannt, dass die Häfen am Baltischen Meer sowohl militärisch als auch wirtschaftlich von strategischer Bedeutung waren und erschlossen die Infrastruktur aus diesen Gründen auch mithilfe von Bahnstrecken. Die Serie Od basierte auf russischen Modellen und wurde vorrangig im Güterverkehr eingesetzt. Auffällig sind vor allem die riesigen Zylinder.

Bauart: Dn2v
Baujahre: 1895–1902
Leistung: 440 kW
Länge über Puffer: 9672 mm
Dienstmasse: 51,7 t
Stückzahl: 33 (in Estland)

DAMPFLOKOMOTIVEN

Baureihe 13.16 (wü AD)

Der Schnellzugverkehr verlangte nach immer leistungsfähigeren Lokomotiven. Die 13.16 gehörte zu den letzten Maschinen mit der herkömmlichen Technik der doppelten Dampfdehnung, die allmählich von den Heißdampfmaschinen abgelöst wurden. Dennoch gewährleistete das Zwillingstriebwerk der 13.16 Geschwindigkeiten von 100 km/h bei 150 t Schleppleistung in der Ebene, und auch auf Steigungsstrecken von 10 ‰ erreichte die Lokomotive noch 50 km/h. Gebaut wurden die Loks dieser Baureihe von 1899 bis 1907, erst 1928 rollten die letzten Exemplare aufs Abstellgleis.

Bauart: 2'Bn2v
Baujahre: 1899–1907
Länge über Puffer: 15.427 mm
Dienstmasse: 50,2 t
Stückzahl: 98

DAMPFLOKOMOTIVEN

Baureihe 17.3 (bay. C V)

Auch in Bayern vollzog sich allmählich der Übergang zu den Heißdampfmaschinen. Dennoch orderten die Bayerischen Staatsbahnen 1899 Mehrzwecklokomotiven der älteren Bauart, die 1896 auf der Bayerischen Landesausstellung von Maffei vorgestellt worden waren. Im Gegensatz zum Urmodell waren die Maschinen der Baureihe 17.3 allerdings mit 1870 mm großen Kuppelrädern und mit einem De-Glehn-Triebwerk ausgestattet. Ihrer Zuverlässigkeit wegen blieben sie bis in die 1930er-Jahre im Einsatz.

Bauart: 2'Cn4v
Baujahre: 1899–1901
Leistung: 875 kW
Länge über Puffer: 18.840 mm
Dienstmasse: 66,2 t
Stückzahl: 42

DAMPFLOKOMOTIVEN

Baureihe 91.3 (pr. T 18, wü. T 9)

Mit 2211 gebauten Exemplaren gehört die Baureihe zu den am meisten verbreiteten Lokomotiven des beginnenden 20. Jahrhunderts. Ursache dafür war ein Misserfolg: Die Preußischen Staatsbahnen hatten mehrfach versucht, C-gekuppelte Tenderloks mit Adams-Achsen auszustatten, was aber nicht funktionieren wollte. Erst als eine Lok gleicher Bauart mit einem Krauss-Helmholtz-Gestell ausgerüstet worden war, lief die Maschine problemlos und wurde sogar zu einem frühen Exportschlager. Zahlreiche Exemplare wurden von Preußen an die Württembergischen Staatsbahnen geliefert.

Bauart: 1'Cn2t
Baujahre: 1900–1913
Leistung: 321 kW
Länge über Puffer: 10.700 mm
Dienstmasse: 59,9 t
Stückzahl: 2211

Class 10

Auch in den Vereinigten Staaten hatte sich, seitdem 1830 die erste, 13 Meilen lange Bahnstrecke der Baltimore & Ohio Railroad eröffnet worden war, einiges getan. Zu Beginn des 20. Jahrhunderts

Bauart: 2C
Baujahr: ca. 1900
Dienstmasse: 80 t

waren es vor allem die Baldwin Locomotive Works aus Philadelphia, die den Dampflokomotivenbau voranbrachten. Für die Chicago Short Line entwickelte das Unternehmen die Class 10 D 99, ein Dreikuppler mit Treibrädern von 1,82 m Höhe, die ausschließlich im Personenzugverkehr eingesetzt wurde.

DAMPFLOKOMOTIVEN

Reihe 180/180.5

Besonders in den Industrierevieren Europas, in denen gigantische Mengen an Rohstoffen wie Kohle transportiert werden mussten, wuchs der Hunger nach schnellen Gütertransportmitteln. Dazu gehörte auch das nordböhmische Kohlerevier. Hier allerdings mussten aufgrund der Topografie neue technische Lösungen gefunden werden, denn die engen Bögen der Gebirgsstrecken waren von den herkömmlichen Maschinen kaum zu bewältigen. Lokomotiven aus der Baureihe 180 waren deswegen mit einer seitenverschiebbar gelagerten dritten und fünften Kuppelachse ausgestattet.

Bauart: En2v
Baujahre: 1900–1909
Leistung: 766 kW
Länge über Puffer: 17.282 mm
Dienstmasse: 65,7–66,5 t
Stückzahl: 266

A 3/5

Die Schweiz besteht nur zu einem Teil aus Bergen. Im Flachland werden andere Anforderungen an die Lokomotiven gestellt als an die, die im extrem hügeligen Berggebiet schwere Güterwaggons schleppen müssen. Prädestiniert für die Aufgaben im Flachland waren die Lokomotiven der Baureihe A3/5, die von 1902 bis 1907 in großer Stückzahl von der Jura-Simplon-Bahn angeschafft worden waren. Konstruiert wurden die Maschinen von Carl-Rudolf Weyermann.

Bauart: 2'Cn4v/2'Ch4v
Baujahre: 1902–1909
Länge über Puffer: 18.600 mm
Dienstmasse: 67 t
Stückzahl: 111

DAMPFLOKOMOTIVEN

Baureihe 74.0 (pr. T 11)

Obwohl 1903 bereits die ersten Heißdampfmaschinen an den Start gingen, bestellte die Königliche Eisenbahndirektion der Preußischen Staatsbahnen diese Nassdampflokomotiven für die Strecken Hanau–Frankfurt und Hanau–Friedberg, denn die bis dahin eingesetzten B-Kuppler konnten die steigenden Zuglasten nicht mehr bewältigen. Einige dieser Lokomotiven fuhren später auch im Berliner S-Bahn-Verkehr.

Bauart: 1'Cn2t
Baujahre: 1903–1909
Leistung: 380 kW
Länge über Puffer: 11.190 mm
Dienstmasse: 62,6 t
Stückzahl: 471

Baureihe 97.0 (pr. T 26)

Auch wenn in Preußen genügend Lokomotivfabriken ansässig waren, kamen die ersten drei Exemplare der Baureihe 97.0 von der Maschinenfabrik Esslingen. Erst später wurde die Serie vom preußischen Hersteller Borsig vervollständigt. Da sie als Zahnradloks speziellen Anforderungen genügen mussten, arbeiteten Zahnrad- und Reibungsantrieb unabhängig voneinander. Auch die Geschwindigkeit folgte genau definierten Spezifikationen: Bei Bergfahrt durften die Loks 7,5, bei einer Talfahrt 5 km/h erreichen.

Bauart: C1'n2(4)zt
Baujahre: 1902–1921
Länge über Puffer: 10.450 mm
Dienstmasse: 59,1 t
Stückzahl: 35

DAMPFLOKOMOTIVEN

Reihe 83

Ebenfalls aus Österreich von Krauss kam die Reihe 83 in ganz anderen Regionen zum Einsatz. Die Bosnisch-Herzegowinische Staatsbahn bestellte in Linz in den Jahren 1903 bis 1949 insgesamt 182 Exemplare dieser vierfach gekuppelten Mehrzwecklokes. Während die ersten Modelle noch mit Nassdampfverfahren ausgerüstet waren, lieferte man sie später als Heißdampf-Zwilling. Die 83er-Reihe wurde wegen ihrer Zuverlässigkeit zur Standardlok im jugoslawischen Schmalspurnetz.

Bauart: D1'n2v/ D1'h2
Baujahre: 1903–1949
Länge über Puffer: 13.415 mm
Dienstmasse: 36 t
Stückzahl: 182

B 3/4

Bauart: 1'Ch2
Baujahre: 1905–1916
Länge über Puffer: 16.275 mm
Dienstmasse: 57 t
Stückzahl: 69

Die B 3/4 war die erste Lokomotive, die die Schweizerische Bundesbahn in Auftrag gegeben hatte, nachdem 1902 die Schweizer in einer Volksbefragung die Auflösung der wichtigsten Privatbahnen und die Zusammenführung in eine staatliche Bahngesellschaft beschlossen hatten. Das letzte Exemplar rollte erst 1964 aufs Abstellgleis.

DAMPFLOKOMOTIVEN

G 4/5 RhB

Nachdem die Lokomotive im schweizerischen Bündner Meterspurnetz ihre ausgezeichneten Eigenschaften unter Beweis gestellt hatte, orderte die Rhätische Bahn für das schwierige Terrain ihres Einsatzgebietes diese leistungsstarke Lokomotive. Immerhin galt es, auf Strecken wie der Albula-Nordrampe mit bis zu 35 ‰ Neigung zu bestehen. Gebaut wurde die Lokomotive von der Schweizerischen Lokomotiv- und Maschinenfabrik in Winterthur.

Bauart: 1'Dh2
Baujahre: 1904–1915
Leistung: 365–585 kW
Länge über Puffer: 13.320 mm
Dienstmasse: 58,9 t
Stückzahl: 29

Baureihe 57.0 (sä. XI V)

Nicht nur in Preußen versäumte man das Heißdampf-Zeitalter, auch die Sächsischen Staatsbahnen orderten von 1905 bis 1910 noch 108 Exemplare der als Nassdampfmaschine konstruierten Baureihe 57.0, von denen allerdings in den 1920er-Jahren 29 in

Bauart: En2v
Baujahre: 1905–1915
Leistung: 888 kW
Länge über Puffer: 18.506 mm
Dienstmasse: 73,1–74,2 t
Stückzahl: 108

Heißdampfloks umgebaut wurden. Um den Bogenlauf auf den kurvenreichen sächsischen Strecken zu verbessern, waren die Loks mit seitenverschiebbaren Kuppelachsen nach dem Gölsdorf'schen Prinzip ausgerüstet.

DAMPFLOKOMOTIVEN

Baureihe 94.2 (pr. T 16)

Mit der gleichen Technik waren auch die Lokomotiven der Baureihe 94.2 ausgestattet, die auf den Steilstrecken Thüringens zum Einsatz kamen. Mit einer Leistung von immerhin 781 kW war die Baureihe für diese Anforderungen geradezu prädestiniert.

Bauart: Eh2t
Baujahre: 1905–1915
Leistung: 781 kW
Länge über Puffer: 12.500 mm
Dienstmasse: 75,6 t
Stückzahl: 343

Reihe 110

Wenn eine Dampflokomotive im Jahr 1905 an der 120-km/h-Marke kratzte, war dies nicht das einzige rekordverdächtige Merkmal der 110. Mit dem größten jemals in Europa gebauten Nassdampfkessel von 257,8 qm Heizfläche zählte die österreichische Schnellzuglok zu den leistungsstärksten Maschinen ihrer Zeit. Diese Höchstleistungen gingen allerdings auf Kosten der Laufruhe. Der Konstrukteur hatte aus Gründen der Gewichtseinsparung auf ein führendes Krauss-Helmholtz-Gestell und auf eine Rückstellvorrichtung der Adams-Laufachse verzichten müssen. Trotzdem blieben Exemplare der 110er-Reihe bis 1951 in Betrieb.

Bauart: 1C1n4v
Baujahre: 1905–1912
Leistung: 1050 kW
Länge über Puffer: 11.813 mm
Dienstmasse: 63,5 t
Stückzahl: 55

DAMPFLOKOMOTIVEN

Baureihe 38.10 (pr. P 8)

Dass die 3948 Maschinen dieser Baureihe bis in die 1970er-Jahre überall in Europa zu sehen waren, hat verschiedene Ursachen. Konstruiert im Jahr 1906, mussten zahlreiche Lokomotiven nach dem Ersten Weltkrieg als Reparationsleistungen in die verschiedensten Länder geliefert werden, nach dem Zweiten Weltkrieg verblieb ein Großteil der Maschinen außerhalb Deutschlands. Hinzu kam, dass die Lokomotive in Ländern wie Polen oder Rumänien nachgebaut wurde, denn sie war extrem solide, wartungsarm und dabei noch ökonomisch, was ihren Verbrauch anging. In der ehemaligen DDR waren die letzten der bis 1938 gebauten Exemplare bis 1972 im Einsatz, in der Bundesrepublik sogar noch zwei Jahre länger.

Bauart: 2'Ch2
Baujahre: 1906–1938
Leistung: 862 kW
Länge über Puffer: 18.590 mm
Dienstmasse: 78,2 t
Stückzahl: 3948

Bay. S 2/6

Wenn Lokomotiven nur am Reißbrett und bar jeder Praxisnähe entwickelt werden, landen sie meist im Museum. So auch das Unikat Bay. S 2/6, das 1925 seinen Platz abseits der Gleise im Nürnberger Verkehrsmuseum fand. Die 150 km/h Spitzengeschwindigkeit, die die Bayerischen Staatsbahnen als Auftraggeber vom Hersteller Maffei gefordert hatten, wurden zwar letztlich realisiert, wegen der geringen Reibungsmasse, die knapp 40% der Dienstmasse von 83,4 t ausmachten, war die Lokomotive für den planmäßigen Einsatz aber nicht zu gebrauchen.

Bauart: 2'B2'h4v
Baujahr: 1906
Länge über Puffer: 21.182 mm
Dienstmasse: 83,4 t
Stückzahl: 1

DAMPFLOKOMOTIVEN

Baureihe 18.2 (bad. IV f)

Die 35 Maschinen dieser Baureihe stellen die ersten Lokomotiven nach Pazific-Bauart in Deutschland dar. Mit der Achsfolge eines 2-achsigen Laufdrehgestells, 3 Kuppelachsen und einer Schleppachse vereinten sie den amerikanischen Barrenrahmen mit einem deutschen Triebwerk, das von Borries entwickelt hatte. Mit einem Kuppelraddurchmesser von 1800 mm gewährleisteten sie eine hohe Laufruhe und kamen sowohl auf den schnellen Streckenabschnitten des Rheintals als auch auf den steigungsreichen Abschnitten des Schwarzwalds zum Einsatz. Ihr hoher Wartungsaufwand bescherte ihnen allerdings keine lange Lebensdauer.

Bauart: 2'C1'h4v
Baujahre: 1907–
Leistung: 1290 kW
Länge über Puffer: 20.910
Dienstmasse: 88,3/89,7 t
Stückzahl: 35

Baureihe 375 MÁV

Wesentlich kleiner ging es in Ungarn zu. Mit einem Kuppelraddurchmesser von nur 1180 mm mag die 375 MÁV neben der 18.2 wie ein Winzling ausgesehen haben, dafür war die dreifach gekuppelte Tenderlok aber auf fast allen ungarischen Nebenstrecken einsetzbar. Auch die Geschwindigkeit mag mit 60 km/h unterdurchschnittlich gewesen sein, dafür erwies sich die Heißdampfmaschine aber als überaus zugkräftig. Zugkräftige Argumente, die dafür sprachen, dass die Lokomotive bis 1959 gebaut wurde.

Bauart: 1'C1' h2
Baujahre: 1907–1959
Leistung: 370 kW
Länge über Puffer: 10.930 mm
Stückzahl: 596

DAMPFLOKOMOTIVEN

Baureihe 17.7 (sä. XII H V)

30 Jahre lang war die älteste der insgesamt 42 Lokomotiven dieser Baureihe auf sächsischen Gleisen im Einsatz. Das spricht für Wirtschaftlichkeit und Leistungsfähigkeit. Der Vierling mit doppelter Dampfentspannung war dabei universell einsetzbar. Man sah ihn sowohl im Schnell- und Eilzugverkehr bei der Personenbeförderung als auch im Güterverkehr.

Bauart: 2'C h4v
Baujahre: 1908–1914
Länge über Puffer: 20.780 mm
Dienstmasse: 78,3 t
Stückzahl: 42

DAMPFLOKOMOTIVEN 41

Reihe 73

Mit einer Höchstgeschwindigkeit von 50 km/h folgt die Reihe 73 dem gleichen Muster wie die Reihe 61, auch wenn die Schlepptenderlok mit Heißdampftechnik wesentlich eleganter aussieht. Gebaut wurde sie von der österreichischen Lokomotivfabrik Krauss in Linz und befuhr das Schmalspurnetz Bosniens.

Bauart: 1'C1'h2
Baujahre: 1907–1913
Länge über Puffer: 13.083 mm
Dienstmasse: 31 t
Stückzahl: 23

DAMPFLOKOMOTIVEN

Baureihe 18.4 (bay. S 3/6)

Basierend auf dem Pazific-Modell der 18.2-Baureihe bestellten die Bayerischen Staatseisenbahnen ab 1908 bei Maffei 159 Maschinen dieses Typs, die bis in die 1960er-Jahre zum Einsatz kamen. Unter den Lokomotiven-Aficionados herrscht Einigkeit, dass es sich bei dem Modell um eine der elegantesten Maschinen des beginnenden 20. Jahrhunderts handelte. Bei Lokomotiven aber zählen weniger die Äußerlichkeiten – zu den inneren Werten der 18.4 zählte, dass die Lok extrem leistungsfähig war, durch enorme Laufruhe bestach und darüber hinaus noch wirtschaftlich war.

Bauart: 2'C1'h4v
Baujahre: 1908–1931
Leistung: 1292–1336 kW
Länge über Puffer: 21.221–22.862 mm
Dienstmasse: 88,3–96,2 t
Stückzahl: 159

Baureihe 70.0 (bay. Pt 2/3)

Ausgerüstet mit Dampfüberhitzungstechnik gehörten die 97 Maschinen dieser Baureihe zu den zuverlässigsten und wirtschaftlichsten Lokomotiven der Bayerischen Staatsbahnen in den ersten beiden Jahrzehnten des 20. Jahrhunderts. Weil der zweite Kuppelradsatz seitenverschiebbar war, konnte die Maschine auch auf kurvenreichen Strecken mit Bögen von 140 m eingesetzt werden. Vor allem auf Nebenstrecken war die 70.0 zu sehen. Die letzte Maschine wurde erst 1963 auf Abstellgleis geschoben.

Bauart: 1Bh2t
Baujahre: 1909–1916
Leistung: 307 kW
Länge über Puffer: 9165 mm
Dienstmasse: 38,4–39,9 t
Stückzahl: 97

DAMPFLOKOMOTIVEN

Baureihe 98.3 (bay. PtL 2/2)

Als „Glaskästen" gingen die 22 Maschinen diese Serie in die Lokomotiven-Geschichte ein. Was sich etwas despektierlich anhört, hatte in der Praxis eindeutige Vorteile: Der Lokführer hatte jederzeit eine hervorragende Rundumsicht auf die Strecke. Zudem war die Lok mit einer halbautomatischen Schüttfeuerung ausgestattet, sodass die Maschine auch im Einmannbetrieb gefahren werden konnte. Alle Maschinen blieben ihrer Heimat treu und befuhren zeit ihres Lebens nur bayerische Gleise.

Bauart: Bh2t
Baujahre: 1908–1914
Leistung: 153 kW
Länge über Puffer: 6984/6780 mm
Dienstmasse: 22,7/20,7 t
Stückzahl: 22

DAMPFLOKOMOTIVEN

Dampflok Nr. 4 (ZB)

Wer Urlaub im österreichischen Zillertal macht, wird dieser Lokomotive eventuell schon einmal begegnet sein, denn dort verrichtet die Maschine mit Baujahr 1909 noch heute ihren Dienst, vor allem als Zuglok vor langen und schweren Zügen. Dabei ist diese Loko-

Bauart: D1h2
Baujahr: 1909
Leistung: 148 kW
Länge über Puffer: 8680 mm
Dienstmasse: 38 t
Stückzahl: –

motive wahrlich weitgereist. Bevor sie in Österreich heimisch wurde, fuhr sie bis 1993 in Bosnien, gelangte dann aber auf Initiative des Club 760, einer privaten Vereinigung von Eisenbahnfreunden, nach Österreich, wo sie erst einmal generalüberholt und ausgebessert wurde.

Reihe 28

Die Lokomotiven dieser Reihe waren als eine der ersten serienmäßig mit seitenbeweglichen Kuppelachsen in einem Rahmen, einer Konstruktion des Ingenieurs Karl Gölsdorf, ausgerüstet. Gebaut zwischen 1909 und 1926 verrichteten sie schon vor dem Ersten Weltkrieg ihren Dienst in Slowenien – vorrangig auf Gebirgsstrecken. Unter den Nummern 28-001 bis 18-010 verkehrten zehn Loks dies Typs ab 1927 in Jugoslawien.

Bauart: Eh2
Baujahre: 1909–1926
Dienstmasse: 69 t
Stückzahl: 67

Baureihe 17.0 (pr. S 10)

Letztlich muss man die 202 Maschinen dieses Typs als Fehlschlag bezeichnen. Mit dem Ansinnen, eine leistungsfähige Schnellzuglok zu kreieren, versuchte man in Preußen 1910, den Kessel der Baureihe 38.10 mit einem geeigneten neuen Fahrwerk zu kombinieren. Angesichts der Unmengen von Kohle und Wasser, die die 854 kW starke Lokomotive verbrauchte, war sie aber letztlich total unwirtschaftlich und wurde bis 1935 fast komplett ausgemustert.

Bauart: 2'Ch4
Baujahre: 1910–1914
Leistung: 854 kW
Länge über Puffer: 20.750 mm
Dienstmasse: 77,2 t
Stückzahl: 202

DAMPFLOKOMOTIVEN

Reihe 380

Auf dem modernsten Stand der Technik waren die 28 Lokomotiven der Reihe 380. Ausgestattet mit einer spurkranzlosen Treibachse und einer seitenbeweglichen zweiten und fünften Kuppelachse konnte die Lok mit einer Leistung von 1270 kW mühelos auch engere Kurvenstrecken befahren. Auch in Österreich hatte man inzwischen erkannt, dass Heißdampflokomotiven leistungsfähiger waren als die konventionellen Nassdampfmaschinen, zudem kombinierten die K. k. Staatsbahnen die Maschinen mit dem Verbundprinzip und erhielten so eine hochleistungsfähige Schnellzuglokomotive.

Bauart: 1Eh4v
Baujahre: 1909–1914
Leistung: 1270 kW
Länge über Puffer: 18.023 mm
Dienstmasse: 81,1 t
Stückzahl: 28

Baureihe 38.2 (sä. XII H 2)

Auch als „Sächsischer Rollwagen" bekannt, war die 38.2 ab 1910 jahrzehntelang die Standardlok in Sachsen. Das mag daran gelegen haben, dass die Maschine perfekt auf die Besonderheiten des sächsischen Streckennetzes abgestimmt war. Konzipiert als leistungsfähige

Bauart: 2'Ch2
Baujahre: 1010–1927
Leistung: 965 kW
Länge über Puffer: 18.972 mm
Dienstmasse: 73,3 t
Stückzahl: 134

Personenzuglok, konstruierte die Sächsische Maschinenfabrik in Chemnitz eine mit einem Zwillingstriebwerk ausgestattete, dreifach gekuppelte Maschine, die sich an den Schnellzugloks der Baureihen 17.6–8 orientierte.

DAMPFLOKOMOTIVEN

Baureihe 17.10 (pr. S 10.1 1911)

Als absolut gelungenen Wurf kann man die Baureihe 17.10 bezeichnen. Gebaut wurden die 145 Maschinen zwischen 1911 und 1914 bei Henschel, dabei lag zwischen der Genehmigung des Entwurfs und der Auslieferung der ersten Maschine gerade einmal ein halbes Jahr. Die 17.10 erwies sich als leistungsfähigste und ökonomischste Schnellzuglokomotive der preußischen Staatsbahnen und überbot mit ihren hervorragenden Werten sogar die vielfach ausgezeichnete 38.10.

Bauart: 2'Ch4v
Baujahre: 1911–1914
Leistung: 1095 kW
Länge über Puffer: 20.910 mm
Dienstmasse: 83,1 t
Stückzahl: 145

Baureihe 75.5 (sä. XIV HT)

Als wahre „Arbeitstiere" galten die Loks der sächsischen 75.5-Baureihe. 750 t mit 75 km/h in der Ebene und 320 t mit immer noch 50 km/h bei 10 ‰ Steigung sind Werte, die für eine 1911 entworfene Lokomotive in der Tat bemerkenswert sind. Zwischen und nach den beiden Weltkriegen wechselten die 106 Loks mehrfach ihre Besitzer, teilweise waren sie auch auf polnischen und französischen Gleisen unterwegs.

Bauart: 1'C1'h2t
Baujahre: 1911–1921
Leistung: 723 kW
Länge über Puffer: 12.415 mm
Dienstmasse: 76,7–82,2 t
Stückzahl: 106

Reihe 310

Aber nicht nur in Sachsen gab es starke Maschinen. Auf ebenen Strecken konnte die österreichische Reihe 310 die Werte der sächsischen 75.5 sogar überbieten. 400 t mit 110 km/h waren durchaus normal. Auf Gebirgsstrecken allerdings wurde die Lok merklich langsamer. Die schweren Doppel-Kolbenschieber erhöhten nicht nur das Gewicht, sondern auch den Eigenwiderstand. Erst eine Konstruktionsänderung ab der 310.29 konnte mit dem Einbau von vergrößerten Hochdruckschiebern diesem Problem Abhilfe schaffen.

Bauart: 1C2h4v
Baujahre: 1911–1916
Leistung: 1314 kW
Länge über Puffer: 21.404 mm
Dienstmasse: 86 t
Stückzahl: 90

Baureihe 78.0 (pr. T 18/ wü. T 18)

Zwei Männer bestimmten das Schicksal dieser Lokomotive, die zwischen 1912 und 1927 in einer Stückzahl von 534 gebaut wurde. Zum einen war dies Robert Garbe, preußischer Lokdezernent, der eine robuste Tenderlok für den Nahverkehr suchte, zum anderen sein Nachfolger Hinrich Lübken, unter dessen Ägide die Maschine die Serienreife erlangte.

Bauart: 2'C2'h2t
Baujahre: 1912–1927
Leistung: 832 kW
Länge über Puffer: 14.800 mm
Dienstmasse: 105 t
Stückzahl: 534

Reihe 740

Als in Italien die staatlichen Eisenbahnen (Ferrovie dello Stato) zum 1. Juli 1905 die bis dahin privat betriebenen Strecken übernahmen, wies das Streckennetz 10.557 Kilometer auf. Ein solches Netz erforderte leistungsstarke Personenzugloks, die vielleicht nicht extrem schnell, dafür aber universell einsetzbar, zuverlässig und wirtschaftlich sein mussten. Mit der Reihe 740, die erst im Nachhinein als solche klassifiziert wurde, fand man diese Lokomotiven. Die Einzelteile kamen von verschiedenen Herstellern im In- und Ausland, darunter Breda, Ansaldo und Henschel.

Bauart: 1'Dh2
Baujahre: 1911–1922
Leistung: 720 kW
Länge über Puffer: 11.040 mm
Dienstmasse: 66,5 t
Stückzahl: 470

C 5/6

Entwickelt als Lokomotive auf den Strecken des St. Gotthard, musste auch in der Schweiz eine speziell für diesen Zweck konstruierte Maschine zum Einsatz kommen. Nach verschiedenen, nicht zufriedenstellenden Mustern entschieden sich die Schweizerischen Bundesbahnen 1913 schließlich für ein Verbundtriebwerk mit innenliegenden Hochdruckzylindern. Mit diesen Spezifikationen rollte die Lok auch im Schnellzugverkehr bis 65 km/h schnell. Das letzte Exemplar der Reihe war bis 1968 im Bestand der SBB.

Bauart: 1'Eh4v
Baujahre: 1913–1917
Leistung: 994 kW
Länge über Puffer: 19.195 mm
Dienstmasse: 86 t
Stückzahl: 28

DAMPFLOKOMOTIVEN

Reihe 20

Auch in Jugoslawien wusste man die Konstruktionsleistungen österreichischer und deutscher Lokomotivfabriken zu schätzen. Serbien bestellte 20 Maschinen dieses Typs, weitere wurden nach dem Ersten Weltkrieg von Hanomag, Rheinmetall, AEG und Krauss als Reparationslieferungen gebaut und verblieben später in Kroatien und Serbien. Als Mehrzwecklokomotive war sie sowohl im Personen- als auch im Güterverkehr einsetzbar.

Bauart: 1'C h2
Baujahre: 1913–1922
Leistung: 700 kW
Dienstmasse: 54 t
Stückzahl: 225

Baureihe 17.11 (pr. S 10.1 1914)

Als Nachfolgemodell der legendären **17.10** waren es in erster Linie geringfügige Modifikationen, die eine Leistungssteigerung der Lokomotive auf 1120 kW verursachten. Grundgedanke war, das hohe Gewicht der 17.10 zu minimieren, was dem Konstrukteur Georg Heise bei Henschel schließlich dadurch gelang, dass er die Innenzylindersteuerung änderte und die Hochdruckzylinder anders als beim Vorgängermodell platzierte.

> **Bauart:** 2'Ch4v
> **Baujahre:** 1914–
> **Leistung:** 1120 kW
> **Länge über Puffer:** 21.100 mm
> **Dienstmasse:** 82,22 t
> **Stückzahl:** 109

Baureihe 56.8 (bay. G 4/5 H)

1915 war der Erste Weltkrieg bereits in vollem Gange. Neben Personentransporten mussten vor allem Güter verschoben und transportiert werden. Die Bayerischen Staatsbahnen bestellten aus diesem Grund bei Maffei zwischen 1915 und 1919 insgesamt 230 dieser zuverlässigen Lokomotiven in Verbundbauart. Einige Exemplare überstanden sogar den Zweiten Weltkrieg und wurden erst 1947 ausgemustert.

Bauart: 1'Dh4v
Baujahre: 1915–1919
Länge über Puffer: 18.250 mm
Dienstmasse: 75,9–77 t
Stückzahl: 230

Reihe E

Die Geschichte der dänischen Reihe E ist eine der längsten der Dampflok-Geschichte und höchst wechselvoll. Erstmals gebaut 1914, landeten die zehn Lokomotiven schließlich in Schweden. Nach der Elektrifizierung der schwedischen Hauptstrecken lag eine Verschrottung nahe, die Loks wurden aber an die Dänischen Staatsbahnen verkauft. Diese wiederum waren von der Baureihe so angetan, dass sie bis 1950 weitere 25 Nachbauten anforderte. Erst 1976 verließen die bis zu 110 km/h schnellen Lokomotiven die dänischen Gleise.

Bauart: 2'C1'h4v
Baujahre: 1914–1950
Länge über Puffer: 21.265 mm
Dienstmasse: 85,5 t
Stückzahl: 10 +25

DAMPFLOKOMOTIVEN

Reihe 17

Baugleich mit der ungarischen MÁV 342 entstand in Jugoslawien ab 1915 diese Personenzugtenderlokomotive, die anfangs im Vorortverkehr der ungarischen Hauptstadt, später aber vorrangig in Kroatien und Slowenien eingesetzt wurde. In den drei Jahren ihrer Bauzeit wurden 89 Maschinen dieses Typs gebaut.

Bauart: 1'C1'h2
Baujahre: 1915–1918
Leistung: 710 kW
Länge über Puffer: 12.944 mm
Reibungsmasse: 45,6 t
Stückzahl: 89

DAMPFLOKOMOTIVEN

Baureihe 58.2–5, 58.10–21
(bad. G 12.1-7, sä. XII H, wü./pr. G 12)

Häufig genug werden technische Errungenschaften durch militärische Bedürfnisse forciert. Auch die Modelle der Baureihe 58 entstanden vor diesem Hintergrund, denn das Militär wollte die Lokparks der Länderbahnen standardisieren, um den unterschiedlichen Normen ein Ende zu setzen. Das Ergebnis war eine robuste Güterzuglok, die mit einstufiger Dampfdehnung arbeitete und deren letztes Exemplar tatsächlich erst 1977 ausgemustert wurde.

Bauart: 1'Eh3
Baujahre: 1917–1924
Leistung: 1124 kW
Länge über Puffer: 18.475–20.435 mm
Dienstmasse: 93,6–96,5 t
Stückzahl: 1361

DAMPFLOKOMOTIVEN

33.01-10

Dass manchmal auch weniger Hightech seinen Sinn erfüllt, zeigt sich an der langen Lebensdauer der Dampflokomotiven, die, bedingt auch durch die Wirren des Ersten Weltkriegs, in Ländern wie der Türkei verblieben. Die von Henschel gebauten, im Jahr 1918 produzierten zehn Maschinen folgten zwar noch der damals schon veralteten Nassdampftechnik, waren aber dennoch wartungsarm und zuverlässig.

Bauart: Cn2t
Baujahr: 1918
Leistung: 431 kW
Länge über Puffer: ca. 9500 mm
Dienstmasse: 44 t
Stückzahl: 10

DAMPFLOKOMOTIVEN 63

Baureihe 18.3 (bad. IV h)

Nachdem man bei den Badischen Staatsbahnen versucht hatte, mit der 18.2 eine Lokomotive zu kreieren, die sowohl auf den schnellen Rheintal- als auch für die gebirgigeren Schwarzwaldstrecken einsetzbar war, setzte man 1918 auf eine Neukonstruktion, die vor allem auf Geschwindigkeit ausgelegt war. Die 18.3 war mit einem Zweiachsantrieb ausgerüstet, wegen diverser grundlegender Mängel aber sehr wartungsintensiv und darüber hinaus extrem gefräßig. So wurden nur 20 Stück dieser Baureihe gebaut, die 1948 sämtlich ausgesondert wurden.

Bauart: 2'C1'h4v
Baujahre: 1918–1920
Leistung: 1420 kW
Länge über Puffer: 23.230 mm
Dienstmasse: 97 t
Stückzahl: 20

DAMPFLOKOMOTIVEN

Baureihe 54.15 (bay. G 3/4 H)

So innovativ die Bayern auch sein mögen – in der Dampflokomotivengeschichte waren sie eher zögerlich, denn mit der Einführung der objektiv leistungsfähigeren Heißdampfloks warteten sie lange, während diese Technik bei anderen Länderbahnen schon längst Standard geworden war. Eine der ersten Maschinen dieses Typs auf bayerischen Strecken waren die Loks der Baureihe 54.15. Enorm leistungsfähig und mit einer hohen Lebenserwartung gesegnet, überdauerten viele der insgesamt 225 Lokomotiven den Zweiten Weltkrieg und wurden erst 1966 restlos ausgemustert.

Bauart: 1'Ch2
Baujahre: 1919–1923
Leistung: 760 kW
Länge über Puffer: 17.500 mm
Dienstmasse: 62,2 t
Stückzahl: 225

Baureihe JF (Mikado)

Schon lange vor dem Langen Marsch fuhren in China Lokomotiven. Die Standardlokomotive war die ab 1918 gebaute Baureihe Mikado. Bis in die 1950er-Jahre rollten diese Loks über das schier unendlich lange Streckennetz Chinas. Die Baureihe war so erfolgreich, dass sie ab 1952 in modernisierter Form nachgebaut wurde. Als Baureihe JF bezeichnet, waren es bärenstarke Loks, die bei einer Steigung von 6 ‰ ein Gewicht von 2660 t mit einer Geschwindigkeit von 15 km/h schleppen konnten.

Bauart: 1'D1'h2
Baujahre: ca. 1918/1952–
Länge über Puffer: 13.111 mm
Stückzahl: 1112

DAMPFLOKOMOTIVEN

Reihe 659

Gebaut zwischen 1918 und 1924, kamen die robusten Sechskuppler auf der Geislinger Steige zum Einsatz. Nach der Elektrifizierung der Strecke rollten einige Loks nach Österreich. Steigungsstrecken gibt es hier zuhauf, aber mit 26 ‰ und engen Gleisbögen ist die Semmering-Strecke von Gloggnitz nach Mürzzuschlag selbst für österreichische Verhältnisse ein anspruchsvoller Abschnitt. Die 659-Loks genügten den Anforderungen dennoch mustergültig.

Bauart: 1'Fh4v
Baujahre: 1918–1924
Leistung: 1401 kW
Länge über Puffer: 20.200 mm
Dienstmasse: 108 t
Stückzahl: 44

231

Die imposanten hohen Kuppelräder mit einem Durchmesser von 1855 mm waren bestens geeignet für das rumänische Hügelland. Die insgesamt 50 Maschinen kamen gleich von zwei deutschen Lieferanten. 20 Loks lieferte 1922 Maffei, die restlichen 30 Maschinen der Serie kamen von Henschel in Kassel. Die Vierzylinder-Verbund-Pazifics waren für Geschwindigkeiten bis zu 126 km/h zugelassen.

Bauart: 2'C1'h4v
Einsatz ab 1922
Leistung: 1615 kW
Länge über Puffer: 21.750 mm
Dienstmasse: 145 t
Stückzahl: 50

Reihe 328 MÁV

Auffällig sind die auf der Abbildung zu erkennenden Windleitbleche. Immerhin rollten diese Schnellzuglokomotiven mit rund 100 km/h über die ungarischen Gleise. Eine Lok steht heute im Eisenbahnmuseum der Hauptstadt Budapest.

Bauart: 2'Ch2
Baujahr: 1921
Leistung: 750 kW
Länge über Puffer: 17.600 mm
Dienstmasse: 106 t

DAMPFLOKOMOTIVEN |

Baureihe 39 (pr. P 10)

Letztlich nur eine Notlösung waren die 260 Maschinen dieser Baureihe. In Preußen suchte man nach einem adäquaten Nachfolger für die bewährte 38.10, konnte sich aber nicht recht entscheiden, ob man eine Neuentwicklung forcieren oder sich an der sächsischen Baureihe 19 orientieren sollte. Das Ergebnis war eine Maschine, die zu schwer war und im Verbrauch so viel Wasser und Kohle schluckte, dass sie während ihrer Bauzeit von 1922 bis 1927 niemals in die Zone der Wirtschaftlichkeit rollte.

Bauart: 1'D1'h3
Baujahre: 1922–1927
Leistung: 1183 kW
Länge über Puffer: 22.980 mm
Dienstmasse: 110,4 t
Stückzahl: 260

DAMPFLOKOMOTIVEN

Reihe 26

Eine lange Entwicklungszeit prägte die genau 100 Lokomotiven dieser Baureihe. Entwickelt wurden sie bereits in den Jahren zwischen 1910 und 1913; bis die erste Maschine die Fabrik verließ, schrieb man das Jahr 1922. Aber

Bauart: 1'Dh2
Baujahre: 1922–1923
Dienstmasse: 68 t
Stückzahl: 100

nicht nur während ihrer Entwicklungszeit gab es Unstimmigkeiten, auch die Besitzer wechselten. Gebaut im Auftrag der k. u. k. Heeresbahn von Linke-Hofmann, Vulcan, Henschel, Hohenzollern und Humboldt waren die Maschinen in Polen im Einsatz, bis sie schließlich den schweren Güterzugdienst in Serbien und Kroatien versahen.

Baureihe SU

Die Allzwecklok der russischen Eisenbahn in den 1920er-Jahren war die Baureihe SU. Man weiß nicht genau, wie viele dieser Maschinen gebaut worden sind, sicher ist aber, dass es mehrere tausend gewesen sind. Entwickelt wurde die Schlepptenderlok 1925 in der Lokomotivenfabrik Kolomna auf der Basis der Baureihe S, die noch aus der Zarenzeit stammte.

Bauart: 1'C1'h2
Baujahre: ab 1925
Leistung: 1100 kW
Länge über Puffer: 22.500 mm
Dienstmasse: 86,7 t (nur Lok)

DAMPFLOKOMOTIVEN

Reihe 424 MÁV

Wenn es eine Dampflokomotive gibt, die den ungarischen Bahnverkehr ab den 1920er-Jahren prägt, dann sind es die 365 Lokomotiven dieser Baureihe, die von 1924 bis – tatsächlich – 1958 mehr oder weniger unverändert produziert wurden. Kaum eine andere Lokomotive ließ sich so universell einsetzen und war zudem gleichermaßen wirtschaftlich wie wartungsarm.

Bauart: 2'Dh2
Baujahre: 1924–1958
Leistung: 1040 kW
Länge über Puffer: 21.000 mm
Dienstmasse: 142,6 t
Stückzahl: 365

Bauart: 2'C1'h2
Baujahre: 1926–1938
Leistung: 1635 kW
Länge über Puffer: 23.940 mm
Dienstmasse: 108,9 t
Stückzahl: 231

Baureihe 01 mit Altbaukessel

Das ab 1925 geplante Einheitslokprogramm der Deutschen Reichsbahn sollte in der Zukunft die inzwischen fast unüberschaubaren Baureihen der verschiedenen Länderbahnen ablösen, was allein schon aus Gründen der Ersatzteil-Zulieferung wirtschaftlich kaum mehr zu vertreten war. Zwar ließ sich das Programm wegen chronischen Geldmangels nicht komplett umsetzen, mit den Baureihen 01 und 02 gelang es aber, zwei Baureihen zu kreieren, die über Jahre hinweg das Rückgrat des Dampflokbetriebs bildete. Während die 02 später zur 01 zurückgebaut wurde, verkörpert die Baureihe 01 die Einheitslok schlechthin.

DAMPFLOKOMOTIVEN

Baureihe 44

Die Anforderungen an Geschwindigkeit und Leistung stiegen Mitte der 1920er-Jahre rapide an. Mit der Dreizylinderlok der Baureihe 44 entstanden von 1926 bis 1944 insgesamt 1989 extrem leistungsfähige Lokomotiven, von denen nach dem Zweiten Weltkrieg 226 im Ausland verblieben. In den Folgejahren wurden zahlreiche Maschinen von Kohle- auf Ölfeuerung umgebaut.

Bauart: 1'Eh3
Baujahre: 1926–1944
Leistung: 1400 kW
Länge über Puffer: 22.620 mm
Dienstmasse: 114,1 t
Stückzahl: 1989

DAMPFLOKOMOTIVEN | 75

Baureihe 24

Die meisten Neuentwicklungen, die die Reichsbahn ab Mitte der 1920er-Jahre in Auftrag gab, waren Hauptbahnloks. Es stellte sich aber schnell heraus, dass auch auf den Nebenbahnen die alten Lokomotiven nicht mehr den Anforderungen genügten. Mit den 93 Maschinen der Baureihe 24, die zwar vor allem für Flachlandabschnitte konzipiert worden, aber auch auf Steigungsstrecken einsetzbar waren, wurde eine adäquate Lösung für dieses Problem gefunden.

Bauart: 1'Ch2
Baujahre: 1928–1940
Leistung: 675 kW
Länge über Puffer: 16.995 mm
Dienstmasse: 57,4 t
Stückzahl: 93

DAMPFLOKOMOTIVEN

Baureihe 86

Wie die 24er-Baureihe wurde auch die Baureihe 86 vorrangig auf Nebenbahnen eingesetzt. Mit 15 t Radsatzlast zog die starke Tenderlok Personen- wie Güterzüge, auch auf Strecken mit größeren Steigungen, wenn auch im gemächlichen Tempo. Von 1928 bis 1943 kamen 774 Maschinen dieser Baureihe auf die Gleise. Die lange Beschaffungszeit mit nur unwesentlichen Modifikationen während ihrer Bauzeit beweist die Zuverlässigkeit dieser Lokomotiven.

Bauart: 1'D1'h2t
Baujahre: 1928–1943
Leistung: 752 kW
Länge über Puffer: 13.820 mm
Dienstmasse: 88,5 t
Stückzahl: 774

Reihe Ok22-31

Als Nachfolger der auch als P8 bekannten Reihe Ok1-359 wurden diese Lokomotiven 1929 im polnischen Chrzanow gebaut.

Bauart: 2C
Baujahr: 1929
Leistung: 721 kW
Länge über Puffer: 18.540 mm
Dienstmasse: 78,9 t

Baureihe 03

Die Einheitsloks der Baureihen 01 und 02 aus den 1920er-Jahren stellten sich zwar nach mehrjähriger Betriebszeit als zuverlässig und wirtschaftlich heraus, waren aber für viele Strecken zu schwer. Abhilfe sollten die ab 1930 gebauten 298 Maschinen der Baureihe 03 schaffen. Die Achslast von 20 t wurde auf 17,5 t reduziert, auch Rahmen, Kessel und Zylinder waren kleiner als bei den Vorgängerbaureihen dimensioniert.

Bauart: 2'C1'h2
Baujahre: 1930–1938
Leistung: 1445 kW
Länge über Puffer: 23.205 mm
Dienstmasse: 99,6 t
Stückzahl: 298

Reihe 05

Auch in Jugoslawien hatten die Bahnbetreiber festgestellt, dass die unterschiedlichen Baureihen eher unwirtschaftlich waren und starteten 1929 wie in Deutschland ein Einheitslokprogramm. Erstes Ergebnis waren die Maschinen der Reihe 05, die sich im Laufe der Jahre zu den wohl beliebtesten Schnellzugloks in Jugoslawien entwickeln sollten. Die eleganten Maschinen wurden von Borsig und Schwartzkopff gebaut und befuhren mit einer Höchstgeschwindigkeit von 100 km/h vorrangig die Flachlandstrecke Zagreb–Belgrad.

Bauart: 2'C1'h2
Baujahr: 1930
Leistung: 1480 kW
Länge über Puffer: 21.900 mm
Dienstmasse: 160 t
Stückzahl: 40

DAMPFLOKOMOTIVEN

Reihe 78 (729)

Die von 1931–1938 für die österreichische Bahn gebauten Tenderloks waren ursprünglich für Langstrecken konzipiert. Da wegen der Weltwirtschaftskrise der internationale Güterverkehr aber stetig zurückging, kamen die 26 Loks in erster Linie im Inland zum Einsatz. Hier stellten sie sich aber als zu überdimensioniert und so als unwirtschaftlich heraus. In den 1950er-Jahren wurden die verbliebenen Loks mit Giesl-Ejektoren ausgestattet, bis schließlich 1973 das letzte Exemplar ausgemustert wurde.

Bauart: 2'C2'h2t
Baujahre: 1931–1939
Leistung: 1314 kW
Länge über Puffer: 14.990 mm
Dienstmasse: 108,4 t
Stückzahl: 26

DAMPFLOKOMOTIVEN |

„Sir Nigel Gresley"/LNER Class A4 (BR No. 60007)

Im Heimatland der Dampflokomotive befuhr diese für damalige Zeiten fast schon futuristisch aussehende Schnellzuglok ab 1935 die Strecke London–Newcastle–Edinburgh–Aberdeen. Die letzten der 35 Paradestücke der London & North Eastern Railway (LNER) wurden erst 1966 ausgemustert. Ein Jahr später ließ ein Verein von Dampflokomotivfreunden eine Maschine generalüberholen und ins ursprüngliche Design zurückbauen. Benannt wurde sie nach Sir Herbert Nigel Gresley, bis zu seinem Tod 1941 Konstrukteur und Ingenieur der LNER.

Bauart: 2'C1'h3
Baujahre: 1935–1938
Länge über Kupplung: 21.650 mm
Dienstmasse: 102,2 t
Stückzahl: 35

DAMPFLOKOMOTIVEN

05 001/002

Mit einem ähnlich stromlinienförmigen Design präsentierten sich die beiden Schnellzugloks, die von der Reichsbahn 1935 in Auftrag gegeben worden waren. Bei einer Versuchsfahrt im Mai 1936 erzielte eine der beiden mit 200,4 km/h sogar einen Geschwindigkeitsweltrekord für Dampfloks. Eingesetzt im Fernschnellverkehr wurden sie knapp 20 Jahre später ausgemustert.

Bauart: 2'C2'h3
Baujahr: 1935
Leistung: 1725 kW
Länge über Puffer: 26.265 mm
Dienstmasse: 129,9 t
Stückzahl: 2

Baureihe 41

Ein Konstruktionsfehler sorgte dafür, dass die ab 1936 gebauten Mehrzweckloks schon fünf Jahre später nicht mehr mit ihrer vollen Leistung fahren konnten. Ausgelegt für einen Kesseldruck von 20 bar, musste dieser ab 1941 auf 16 bar gesenkt werden, weil man bei allen 366 Maschinen keinen alterungsbeständigen Stahl verwendet hatte.

Bauart: 1'D1'h2
Baujahre: 1936–1941
Leistung: 1390 kW
Länge über Puffer: 23.905 mm
Dienstmasse: 101,9 t
Stückzahl: 366

Challenger Class 800 (ALCo)

Obwohl in Nordamerika die Konkurrenz der Dieselloks schon früher als in Deutschland eingesetzt hatte, entstanden hier dennoch in den 1930er-Jahren die modernsten Dampflokomotiven. Dazu gehörte auch die Challenger Class 800, konstruiert und gebaut von der American Locomotive Company. Die beiden unterschiedlichen Varianten wurden im Güterverkehr (links im Bild) bzw. vor Personenzügen eingesetzt.

> **Bauart:** 2CC2
> **Baujahre:** 1936–1943
> **Länge über Puffer:** 34.706 mm (inkl. Tender)
> **Dienstmasse:** 411 t (inkl. Tender)
> **Stückzahl:** 105

Daylight (Lima Locomotives)

Auf dem neuesten Stand der damaligen Technik waren auch die 50 Maschinen der bei den Lima Locomotive Works gebauten Daylight. Eingesetzt vorrangig auf der Strecke San Francisco–Los Angeles von der Southern Pacific Railroad kam die Lokomotive mit der Seriennummer 4449 anlässlich der 200-Jahr-Feier der Vereinigten Staaten zu erneutem Ruhm: Sie wurde generalüberholt und originalgetreu in ihren ursprünglichen Farben Orange, Rot und Schwarz restauriert.

Bauart: 2D2
Baujahre: 1936–1942
Länge über Puffer: 33.490 mm (inkl. Tender)
Dienstmasse: 346 t (inkl. Tender)
Stückzahl: 50

DAMPFLOKOMOTIVEN

Bauart: 2'C2'h3
Baujahr: 1937/1945
Leistung: 1752 kW
Länge über Puffer: 27.000 mm
Dienstmasse: 129,5/124 t
Stückzahl: 1

05 003

Ein Unikat blieb die 05 003, die die Reichsbahn 1937 von Borsig entwickeln ließ. Die Lokomotive mit einem vorne liegenden Führerhaus sollte mit Kohlestaubfeuerung arbeiten, hatte aber Probleme bei der Verbrennung, weswegen sie 1944 umgebaut wurde. Dabei verlor sie auch die stromlinienförmige Verkleidung, die ihre beiden Schwestern, die 05 001 und 05 002 so einzigartig gemacht hatten.

DAMPFLOKOMOTIVEN

142

Mächtige Kuppelräder mit 1920 mm Durchmesser zeichneten die 79 Maschinen der Rumänischen Staatsbahn aus. Vorbild für die Reihe waren die österreichischen Loks der Reihe 214, nur der Tender war geringfügig modifiziert. Vor allem in hügeligem Gebiet rollten die Loks mit einer Geschwindigkeit von bis zu 110 km/h. Sie blieben bis zur Mitte der 1970er-Jahre auf rumänischen Gleisen in Betrieb.

Bauart: 1'D2'h2
Einsatz ab 1937
Leistung: 1600 kW
Länge über Puffer: 22.640 mm
Dienstmasse: 191 t
Stückzahl: 79

46.051 – 061

Eine ähnlich lange Fahrzeit war den elf Maschinen dieser Baureihe in der Türkei beschert. 1937 von Henschel in Deutschland gebaut, schleppten sie auf der Strecke Ankara-Istanbul mit bis zu 100 km/h Geschwindigkeit Güter- und Personenzüge. Erst 1985 rollte das letzte Exemplar aufs Abstellgleis.

Bauart: 1'D1'h2
Baujahr: 1937
Leistung: 1387 kW
Länge über Puffer: 22.860 mm
Dienstmasse: 104,4 t
Stückzahl: 11

Baureihe 01.10

Steigende Anforderungen an Leistungsfähigkeit und Geschwindigkeit führten zur Konstruktion der auf der Baureihe 01 basierenden 01.10. Ausgestattet mit einem Dreizylindertriebwerk und einer damit hervorragenden Anfahrbeschleunigung wuchs die Höchstgeschwindigkeit von 120 auf 140 km/h. Von den ursprünglich geplanten 400 Lokomotiven wurden letztendlich aber zwischen 1939 und 1940 nur 55 gebaut, weil der Krieg eine weitere Beschaffung verhinderte.

Bauart: 2'C1'h3
Baujahre: 1939–1940
Leistung: 1715 kW
Länge über Puffer: 24.130 mm
Dienstmasse: 114,3 t
Stückzahl: 55

DAMPFLOKOMOTIVEN

Baureihe 03.10

Auch die Modelle der Baureihe 03 wurden ab 1939 mit einem Dreizylindertriebwerk ausgestattet. Weil die aerodynamisch geformte Verkleidung aber Wartungsarbeiten erschwerte, wurde sie in den folgenden Jahren wieder zurückgebaut. Die 60 Maschinen überstanden ausnahmslos den Zweiten Weltkrieg und wurden erst 1982 aussortiert.

Bauart: 2'C1'h3
Baujahre: 1939–1940
Leistung: 1314 kW
Länge über Puffer: 23.905 mm
Dienstmasse: 103 t
Stückzahl: 60

Baureihe 50

Während die 01- und die 03-Baureihe vorwiegend auf den Hauptstrecken ihre Arbeit verrichteten, konnten sie auf Nebenstrecken wegen ihres hohen Gewichts kaum zum Einsatz kommen. Das Verkehrsministerium gab deswegen eine leichtere Baureihe in Auftrag, von der zwischen 1939 und 1948 mehr als 3000 Exemplare gebaut wurden. Schon die Anzahl zeigt, dass es sich um ein sehr leistungsfähiges und wartungsarmes Modell handelte.

Bauart: 1'Eh2
Baujahre: 1939–1948
Leistung: 1186 kW
Länge über Puffer: 22.940 mm
Dienstmasse: 88,1 t
Stückzahl: 3164

DAMPFLOKOMOTIVEN

Big Boy Class 4000 (ALCo)

Der Name ist nicht ungerechtfertigt: Mit einer Dienstmasse von 544 t inklusive Tender waren die Big Boys die größten, schwersten, zugleich aber auch gefräßigsten Dampflokomotiven, die jemals gebaut wurden. Mit einer Länge von über 40 und einer Höhe von knapp 5 m war der Verbrauch sicherlich nachvollziehbar, denn immerhin zog das Arbeitstier auf den amerikanischen Bergstrecken bis zu 3600 t schwere Lasten.

Bauart: 2DD2
Baujahre: 1940–1944
Länge über Puffer: 40.353 mm (inkl. Tender)
Dienstmasse: ca. 544 t (inkl. Tender)
Stückzahl: 25

DAMPFLOKOMOTIVEN |

Baureihe 52

Als 1942 die ersten Modelle dieser auf der Baureihe 50 konstruierten Maschinen auf die Gleise rollten, wurde ihnen keine lange Laufzeit prognostiziert. Spätestens mit dem Gewinn des Krieges sollten die Maschinen wieder ausgemustert und durch modernere Maschinen ersetzt werden. Das aber war eine Fehlkalkulation. Nicht nur wurde der Krieg verloren – mit über 6000 gebauten Exemplaren war die Baureihe 52 ein voller Erfolg.

Bauart: 1'E h2
Baujahre: 1942
Leistung: 1182 kW
Länge über Puffer: 22.830 mm
Dienstmasse: 84 t
Stückzahl: ca. 6151

Baureihe 42

Erst als Deutschland den Zweiten Weltkrieg vom Zaun gebrochen hatte, stellte man fest, dass es kaum genügend Maschinen gab, um die gigantischen Mengen an Truppen, Material und Munition zu transportieren. Mit einer Stückzahl von geplanten 8000 Lokomotiven sollte die Baureihe 42 diesem Umstand Abhilfe schaffen. Ab 1943 gebaut, war aber bereits absehbar, dass es kaum realistisch war, diesen Bedarf aufrechtzuerhalten. Tatsächlich wurden bis 1949 nur 865 diese Loks gebaut.

Bauart: 1'Eh2
Baujahre: 1943–1949
Leistung: 1313 kW
Länge über Puffer: 23.000 mm
Dienstmasse: 96,9 t
Stückzahl: 865

Reihe Ty3-2 (BR 42)

Die drei Maschinen dieser Reihe, die ursprünglich nach deutschen Bauplänen im polnischen Schichau gebaut und später diverse Male umklassifiziert wurden, verblieben nach dem Ende des Zweiten Weltkriegs sämtlich in Polen.

Bauart: 1E
Baujahr: 1944
Leistung: 1350 kW
Länge über Puffer: 23.000 mm
Dienstmasse: 96 t
Stückzahl: 3

Class GEA

Gelenklokomotiven mit zwei Tendern sieht man eher selten. Für lange Fahrten durch heiße Steppengebiete schafften die südafrikanischen Bahnen diese 50 Maschinen der Bauart Garrat an. Der hintere Tender führte die Kohle-, der vordere die Wasserbevorratung, die wegen des heißen Klimas notwendig war. Eine Lokomotive der Baureihe ist inzwischen restauriert und zieht Nostalgiezüge.

Bauart: 2D1 + 1D2
Baujahr: 1946
Dienstmasse: 211,1 t
Stückzahl: 50

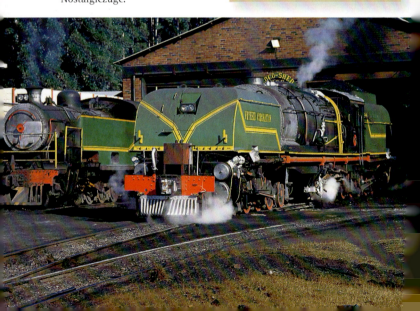

Reihe 38

75 **Maschinen,** von denen 65 über die Hilfs- und Wiederaufbauorganisation der Vereinten Nationen nach dem Zweiten Weltkrieg nach Jugoslawien geleitet wurden, waren bei Vulcan Foundry in den USA gebaut worden. Geordert wurden sie ursprünglich für den Güterzugdienst von den polnischen, tschechoslowakischen und luxemburgischen Eisenbahnen.

Bauart: 1'Dh2
Baujahre: 1945–1958
Stückzahl: 75

DAMPFLOKOMOTIVEN

Bauart: 2'D1'h2
Baujahre: 1947–1951
Leistung: 1480 kW
Länge über Puffer: 24.786 mm
Dienstmasse: 171,6 t
Stückzahl: 147

475.1 CSD

In der damals noch vereinten Tschechoslowakei befuhren die als Universallokomotiven konzipierten, für damalige Zeit mit modernster Technik ausgestatteten Maschinen ab 1947 die Schienen. Mit einer Geschwindigkeit von bis zu 100 km/h wurden sie letztlich aber weniger im Güter- als im Personenschnellverkehr eingesetzt.

DAMPFLOKOMOTIVEN

56.301 – 388

Die Türkei ist nicht nur ein El Dorado für Dampflokomotivenfans, hier finden sich auch heute noch Dampfloks der unterschiedlichsten Bauart und Herkunft. Die 88 Maschinen dieser Baureihe waren typisch amerikanische Züge, die von Vulcan Iron Works geliefert wurden. Man wird in der Türkei kaum größere Dampfloks finden. Der über 5 qm große Rost wäre für einen einzigen Heizer kaum zu bedienen gewesen, daher waren die Maschinen mit einem Stoker, einer mechanischen Förderschnecke zur Kohlebeschickung ausgerüstet.

Bauart: 1'Eh2
Baujahre: 1947–1948
Leistung: 1715 kW
Länge über Puffer: 21.875 mm
Dienstmasse: 110,6 t
Stückzahl: 88

DAMPFLOKOMOTIVEN

Baureihe L

Bis in die 1980er-Jahre befuhren die in großer Stückzahl ab 1947 gebauten Schlepptenderlokomotiven das sowjetische Eisenbahnnetz. Vorrangig im Güterverkehr eingesetzt, konnten die Maschinen wegen ihrer geringen Achsfahrmasse von 18 t auch auf den

Bauart: 1'Eh2
Baujahre: ab 1947
Leistung: 1620 kW
Länge über Puffer: 23.745 mm
Dienstmasse: 103 t (nur Lok)

weniger belastbaren Nebenstrecken eingesetzt werden. Mit einer Höchstgeschwindigkeit von 80 km/h ging das natürlich auf Kosten der Geschwindigkeit, dennoch wurde die Baureihe L zu einer Standardlokomotive in der damaligen UdSSR.

„Blue Peter"/LNER Class A2 (BR No. 60532)

Besonders viele Dampflokomotivenfreunde befinden sich offensichtlich in Großbritannien. 1968 kaufte ein Privatmann die letzte der ehemals 15 Lokomotiven und ließ sie restaurieren, wobei ihm freilich ein Spendenaufruf einer BBC-Kindersendung zu Hilfe kam. Ursprünglich benannt wurde die Lok aber nicht nach dem Namen der Sendung, sondern nach dem berühmten und erfolgreichen Rennpferd „Blue Peter" aus den späten 1930er-Jahren.

Bauart: 2'C1'h3
Baujahr: 1948
Länge über Kupplung: 18.288 mm
Dienstmasse: 161 t
Stückzahl: 15

D A M P F L O K O M O T I V E N

56.117 – 166

Fast alle Lokomotiven produzierenden Länder lieferten ab den 1930er-Jahren Lokomotiven in die Türkei – vor allem Deutschland, Großbritannien, Amerika. Komplettiert wurde diese Sammlung ab 1949 von einer Serie tschechischer Loks, die bei Skoda und der Ceskomoravska Kolben Danek in Prag gebaut worden waren. Sie waren schwerer als die deutschen, aber leichter als die englischen Maschinen und fanden so in der Türkei ein optimales Einsatzgebiet.

Bauart: 1'Eh2
Baujahr: 1949
Leistung: 1398
Länge über Puffer: 22.850 mm
Dienstmasse: 106,5 t
Stückzahl: 50

Baureihe SO

Fünf Lokomotiven dieser Baureihe sind noch heute auf russischen Strecken unterwegs – ein Zeichen für die Wertbeständigkeit und Zuverlässigkeit der zugkräftigen Maschinen, die mit einer Höchstgeschwindigkeit von 75 km/h im Güterverkehr eingesetzt worden waren.

Bauart: 1'E
Baujahre: ab 1948
Leistung: 1648 kW
Länge über Puffer: 23.730 mm

DAMPFLOKOMOTIVEN

Reihe Ol49

Gebaut in der traditionsreichen polnischen Lokfabrik Chrzanow sind die etwa zehn verbliebenen Maschinen heute im Dampflokbetriebswerk Wolsztyn stationiert, wo sie in erster Linie Personenzüge ziehen.

Bauart: 1C1
Baujahre: 1949–1954
Leistung: 949 kW
Länge über Puffer: 20.675 mm
Dienstmasse: 83,25 t
Stückzahl: 115

DAMPFLOKOMOTIVEN

Reihe Pt47-65

Ein Unikat ist diese polnische Schnellzuglok, deren Baujahr sich auf 1949 festlegen lässt. Ebenfalls in der Lokfabrik Chrzanow konstruiert, brachte sie es auf eine Höchstgeschwindigkeit von 110 km/h. Dass die Lokomotive noch absolut gut in Schuss ist, bewies sie bei einer Hauptuntersuchung im Jahr 2003.

Bauart: 1D1
Baujahr: 1949
Leistung: 1200 kW
Länge über Puffer: 22.975 mm
Dienstmasse: 103 t

Baureihe 23

Während in anderen Ländern der Siegeszug von leistungsfähigen und wartungsarmen Diesellokomotiven schon in den 1950er-Jahren begonnen hatte, setzte die Bundesbahn in Deutschland 1950 noch auf die Entwicklung einer 1303 kW starken Baureihe, denn langsam aber sicher mussten die Bestände des Standardmodells 38.10 ersetzt werden. Die Baureihe war mit modernster Technik ausgestattet.

Bauart: 1'C1'h2
Baujahre: 1950–1959
Leistung: 1303 kW
Länge über Puffer: 21.325 mm
Dienstmasse: 82,8 t
Stückzahl: 105

Baureihe 44 Öl DB

Dass sich die Technik auch für die Dampflokomotiven im Umbruch befand, beweist die Baureihe 44. 1950 ließ die Bundesbahn zehn Maschinen, die noch aus den Jahren 1926 bis 1944 stammten, mit moderner Technik nachrüsten, die sich allerdings nicht komplett bewährte. Dazu gehörten eine Stokerfeuerung oder Mischvorwärmer. Einen Fortschritt hingegen brachte die Umrüstung auf eine Ölhauptfeuerung. Die Maschinen fuhren mit dieser Ausstattung bis 1977 und gehörten zu den wirtschaftlichsten Lokomotiven der DB.

Bauart: 1'Eh3
Baujahr: 1950
Leistung: 1535 kW
Länge über Puffer: 22.620 mm
Dienstmasse: 109,6 t
Stückzahl: 33

556.0 CSD

Ein regelrechtes Arbeitstier war die 1951 von Skoda gebaute Schlepptender-Dampflok. Bis zu 4000 t konnte sie mit einer Geschwindigkeit von 80 km/h schleppen, und das selbst auf schwierigen Strecken.

Bauart: 1'Eh2
Baujahre: ab 1951
Leistung: 1500 kW
Länge über Puffer: 23.720 mm
Dienstmasse: 175,8 t
Stückzahl: 510

Class 4MT (BR No. 80135)

Genügsam, schmucklos und schlicht, aber zuverlässig präsentierten sich die 155 Maschinen dieser Baureihe, die zwischen 1951 und 1957 in England zum Einsatz kam. Ihr Schicksal war aber mit dem Aufstieg der Dieselloks besiegelt. 1963 wurde die letzte Lok ausgemustert.

Bauart: 1'C2'h2
Baujahre: 1951–1957
Dienstmasse: 87 t
Stückzahl: 155

Class 25

Besonders geeignet für die heißen Steppengebiete in Südafrika waren die Class-25-Maschinen. Ein Kondenstender mit Kühlrippen und Ventilatoren verwandelte den Abdampf der Lokomotive in Speisewasser; auf diese Weise konnten bis zu 60 % Wasser eingespart werden. Für die weiten Strecken in der südafrikanischen Karoo-Steppe hätte ansonsten die herkömmliche Wasserbevorratung den Einsatz von Dampflokomotiven fast unmöglich gemacht.

Bauart: 2'D2'
Baujahre: 1953–1955
Leistung: 2189 kW
Länge über Puffer: 32.760 mm
Dienstmasse: 120 t (Lok) + 114 t (Kondenstender)
Stückzahl: 90

DAMPFLOKOMOTIVEN 111

Baureihe P 36

Mit der Baureihe P 36 endet das Kapitel der russischen Dampflokomotivengeschichte. In einer Stückzahl von 251 gebaut, kamen die schweren Maschinen mit ihren sechsachsigen Schlepptendern vor allem im schnellen Reiseverkehr zum Zuge, was sicherlich auch daran gelegen haben mag, dass sie mit bis zu 125 km/h das russische Netz befuhr. Und das nicht nur auf den Hauptstrecken, denn mit lediglich 18 t Achsfahrmasse konnte sie bedenkenlos auch auf Strecken mit leichtem Oberbau in Betrieb genommen werden.

Bauart: 2'D2'h2
Baujahre: ab 1954
Leistung: 1840 kW
Dienstmasse: 135 t (nur Lok)
Stückzahl: 251

DAMPFLOKOMOTIVEN

498.1 CSD

Auch wenn es nur 15 Lokomotiven dieser Baureihe gab – sie gehörten zum Feinsten, was die Dampflokomotivengeschichte der Nachkriegszeit hervorgebracht hatte. Mit modernster Technik ausgestattet (Thermosyphon, Kylchap-Doppelblasrohre, mechanische Rostbeschickung), war die 498.1 CSD für den schweren Zugdienst bestimmt, den sie in rasanter Fahrt mit 120 km/h Höchstgeschwindigkeit spielend meisterte.

Bauart: 2'D1'h3
Baujahre: ab 1954
Leistung: 1840 kW
Länge über Puffer: 25.569 mm
Dienstmasse: 203 t
Stückzahl: 15

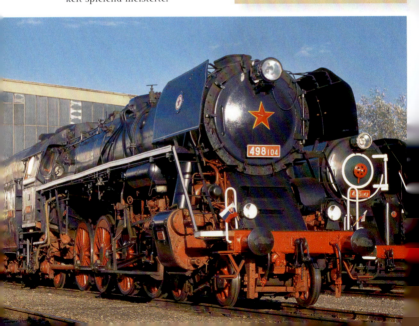

Baureihe 65.10

Hatte sich die westdeutsche Bundesbahn schon 1951 für die neue Baureihe 65, die letztendlich kein großer Erfolg werden sollte, entschieden, folgte die ostdeutsche Reichsbahn drei Jahre später mit der Baureihe 65.10. Insgesamt muss man sagen, dass diese Maschinen wesentlich besser gelangen als die der westdeutschen Konkurrenz – sowohl was die Laufkultur als auch was die Wirtschaftlichkeit angeht. Ab 1966 wurden die verbliebenen der 88 Lokomotiven mit verbrauchsminimierenden Giesl-Flachejektoren ausgestattet, sodass sie sich bis 1982 dem Wettlauf mit modernerer Technik stellen konnten.

Bauart: 1'D2'h2t
Baujahre: 1954–1957
Leistung: 980 kW
Länge über Puffer: 17.500 mm
Dienstmasse: 121,7 t
Stückzahl: 88

Baureihe 35.10 (23.10)

Unterschiedliche Systeme unterliegen den gleichen Sachzwängen. Nicht nur die westdeutsche Bundesbahn hatte einen Nachfolger für die 38.10 entwickeln müssen, auch die DDR-Reichsbahn stand vor dem gleichen Problem. Ob aus Materialknappheit oder Wirtschaftlichkeitsgründen: Die Reichsbahnkonstruktion war weitgehend kompatibel mit der zeitgleich gebauten 50.40, was die Lagerhaltung von Ersatzteilen wesentlich vereinfachte. Eingesetzt wurde die 35.10 im Personen- und im Schnellzugdienst.

Bauart: 1'C1'h2
Baujahre: 1957–1959
Leistung: 1250 kW
Länge über Puffer: 22.660 mm
Dienstmasse: 87,2 t
Stückzahl: 113

Baureihe QJ

Wenn von einer Baureihe 4700 Exemplare gebaut werden, spricht dies zum einen für die Qualität des Materials, zum anderen aber von immensem Bedarf. Beides trifft für die chinesische Baureihe zu. Entwickelt auf der Basis der sowjetischen Standardlokomotive LV modifizierten die chinesischen Ingenieure diese robuste, genügsame und universell einsetzbare Lok, die von 1956 bis 1988 gebaut wurde. Zum Leidwesen vieler Dampflokomotivenfreunde ist sie aber trotz der in großer Stückzahl hergestellten Menge in China kaum noch auf den Gleisen zu sehen.

Bauart: 1E'1
Baujahre: 1956–1988
Leistung: 2193 kW
Länge über Puffer: 16.140 mm
Dienstmasse: 133,8 t
Stückzahl: 4700

Baureihe 58.30 (Rekolok DR)

Die **DDR-Reichsbahn** konnte Ende der 1950er-Jahre noch lange nicht auf die Dampflokomotiven verzichten. Im Rahmen eines Rekonstruktionsprogramms wurden 56 Maschinen mit einem Kessel mit Verbrennungskammer, Trofimoff-Schieber und Mischvorwärmer nachgerüstet. Erst 1982 musterte die Reichsbahnleitung die letzte der umgebauten Loks aus.

Bauart: 1'Eh3
Baujahre: 1958–1963
Leistung: 1179 kW
Länge über Puffer: 20.200 mm
Dienstmasse: 108 t
Stückzahl: 56

DAMPFLOKOMOTIVEN

Reihe Ty51-223

Eine der letzten polnischen Dampfloks entstand 1957. Es war ein Nachbau der typisch nordamerikanischen Bauart, was sich nicht nur am äußeren Design, sondern auch an den Konstruktionsmerkmalen wie einer Stokerbefeuerung sehen lässt.

Bauart: 1 E
Baujahr: 1957
Leistung: 1590 kW
Länge über Puffer: 23.025 mm
Dienstmasse: 109,9 t

Baureihe 03.10 Reko DR

Ähnlich erging es den 16 03.10-Lokomotiven, die im Zuge des gleichen Rekonstruktionsprogramms einen neuen Kessel und modernere Technik erhielten. Stationiert waren sie in Stralsund und wurden vorrangig im Schnellzugverkehr nach Berlin eingesetzt. Eine Sonderaufgabe war das Schleppen der internationalen Reisezüge zur Fähre Sassnitz–Trelleborg. Zwar wurden einige Loks später auf Ölhauptfeuerung umgestellt, ihr Ende war jedoch 1980 besiegelt.

Bauart: 2'C1'h3
Baujahr: 1959
Leistung: 1500 kW
Länge über Puffer: 23.905 mm
Dienstmasse: 104 t
Stückzahl: 16

DAMPFLOKOMOTIVEN

18 201 (02 0201)

Ein Unikat blieb die 18 201, die 1961 als Versuchslokomotive gebaut worden war, weil die Reichsbahnleitung Reisezugwagen exportieren wollte, die auf 160 km/h Höchstgeschwindigkeit ausgelegt waren, es aber keine Lokomotive gab, die dieses Tempo bewältigte. 1964 wurde der Versuch gestartet, und konnte mit 176 km/h Spitzengeschwindigkeit zu einem überaus erfolgreichen Ergebnis gebracht werden. Die Lok wurde danach in den Plandienst der Reichsbahn übernommen und um 1980 zum Museumsstück geadelt.

Bauart: 2'C1'h3
Baujahr: 1961
Leistung: 1160 kW
Länge über Puffer: 25.145 mm
Dienstmasse: 113,6 t
Stückzahl: 1

DAMPFLOKOMOTIVEN

Baureihe 52.80

Auch die alten 52er-Lokomotiven wurden ins Rekonstruktionsprogramm aufgenommen. Sie überdauerten ihre Schwestern aus anderen Baureihen um rund zehn Jahre und gehörten somit zu den letzten Dampflokomotiven der Reichsbahn im Plandienst.

Bauart: 1'Eh2
Baujahre: 1960–1967
Leistung: 1170 kW
Länge über Puffer: 22.975 mm
Dienstmasse: 84,4 t
Stückzahl: 200

Baureihe 01.5 der Reichsbahn

Mit der Stilllegung der letzten Dampflokomotive, der nachgerüsteten 01 im Jahre 1981, kündigte sich auch für die Reichsbahn das Ende der Dampflok-Ära an. 35 Maschinen hatten den Umbau ab 1962 über sich ergehen lassen, und so waren ihnen immerhin noch 20 Jahre Laufzeit geblieben.

Bauart: 2'C1'h2
Baujahre: 1962–1966
Leistung: 1825 kW
Länge über Puffer: 24.350 mm
Dienstmasse: 111,0 t
Stückzahl: 35

Baureihe 03 Reko DR

Auch den umgebauten und mit neuem Kessel ausgestatteten Exemplaren der 03-Baureihe war kein langes Leben mehr beschieden. Mitte der 1970er-Jahre waren sie der dieselbetriebenen und elektrischen Traktionskonkurrenz nicht mehr gewachsen und schieden aus dem planmäßigen Dienst aus.

Bauart: 2'C1'h2
Baujahre: 1969–1975
Leistung: 1550 kW
Länge über Puffer: 23.905 mm
Dienstmasse: 101,4 t
Stückzahl: 52

Class 26

Dorthin, wo die letzten Dampflokomotiven fahren, pilgern auch heute noch die eingefleischten Eisenbahnfreunde hin – und sei es tausende Kilometer entfernt. Zu diesen letzten wenigen Exemplaren gehört auch die auf der südafrikanischen Strecke Kimberley–Bloemfontein eingesetzte „Red Devil", die mit ihrer roten Verkleidung zwar teuflisch Dampf spuckt; Fans aber werden sich beim Anblick dieser Maschine eher im Himmel als in der Hölle wähnen.

Bauart: 2'D2'
Baujahr: 1981 (Umbau)
Leistung: 3284 kW
Länge über Puffer: 32.760 mm
Dienstmasse: 117 t (Lok) + 105 t (Tender)
Stückzahl: 1

Diesellokomotiven

DIESELLOKOMOTIVEN

Reihe Mo

1935 begann in Dänemark die Sternstunde der Diesellokomotiven. Sowohl im Güter- als auch im Personenverkehr ersetzten mehr Dieselloks der Reihe Mo ihre alten dampfenden Vorgänger. Mit bis zu 120 km/h rollten sie über die Trassen des Landes und über dessen Grenzen hinaus. Das Exemplar mit der Bezeichnung „Hamburg vogn" erreichte sogar die Alster und war für den Einsatz auf deutschen Gleisen extra mit einem dritten Spitzenlicht ausgestattet.

Bauart: 3'B
Baujahre: 1935–1958
Leistung: 365 kW
Länge über Puffer: 20.938 mm
Dienstmasse: 30 t
Stückzahl: 128

Baureihe 236 (V 36, 103 DR)

Alle dreiachsigen Lokomotiven der Baureihe 236 fuhren im Namen der deutschen Wehrmacht. Sie waren wartungsarm und ausgesprochen zuverlässig, sodass man ihnen auch während des Krieges getrost weitere Strecken ins feindliche Ausland zumuten konnte. Im zivilen Dienst der Nachkriegszeit fanden die Lokomotiven im Nahgüterverkehr ihr Aufgabengebiet und wurden von der Bundesbahn mit Dachkanzeln versehen und als Wendezüge eingesetzt.

Bauart: C dh
Baujahre: 1938–1948
Leistung: 265 kW
Länge über Puffer: 9100/9200/9240 mm
Dienstmasse: 38,5–43 t
Stückzahl: 292

DIESELLOKOMOTIVEN

Baureihe 288 (V 188, D 311)

1941 begann Krupp im Auftrag der Wehrmacht mit dem Bau einer zugkräftigen Maschine, deren Aufgabe es sein sollte, Eisenbahngeschütze zu transportieren und mit Strom zu versorgen. So entstanden mächtige dieselelektrische Doppelloks, von denen jedoch nur einmal Geschütze abgefeuert werden sollten. Später übernahm die Bundesbahn sechs Einzellokomotiven, von denen vier als Doppelloks endlich eine vernünftige Aufgabe fanden: Auf der Rampe Laufach–Heigenbrücken leisteten sie noch bis 1971 Schiebedienst.

Bauart: Do+Do de
Baujahre: 1941–1942
Leistung: 1620 kW
Länge über Puffer: 22.510 mm
Dienstmasse: 147 t
Stückzahl: 4

DIESELLOKOMOTIVEN |

E5 (EMD)

„Silver Pilot" – das ist ein nostalgisches Prunkstück in Edelstahl-Verkleidung. Einst zog sie als nahe Verwandte der E3-, E4- und E6-Lokomotiven im Namen der Burlington-Eisenbahngesellschaft die silberfarbenen „Zephyr-Züge". Mit 15 anderen Lokomotiven gehörte sie seit 1940 zu den Streamliner-Personenzügen der Burlington Route. Dort ist sie heute nicht mehr zu sehen, stattdessen kann sie im Illinois Railway Museum bewundert werden.

Bauart: 2 x Co'Co'
Baujahre: 1939–1942
Leistung: 2 x 736 kW
Länge über Puffer: 15.240 mm
Dienstmasse: 105 t
Stückzahl: 16

DIESELLOKOMOTIVEN

F7 (EMD)

Sucht man die typische Diesellokomotive, kommt man an der amerikanischen F7 nicht vorbei. Diese 1949 entstandenen Loks von General Motors waren formvollendet und im Personen- wie im Güterverkehr vielseitig einsetzbar. Güter, die zu schwer waren, gab es nicht, denn einzelne Einheiten ließen sich zu langen Lokverbänden kuppeln, sodass manchmal bis zu sechs F7-Loks vor einen Güterzug gespannt wurden. Nur noch wenige Maschinen sind geblieben, die heute für Museumsbahnen fahren.

Bauart: Bo'Bo'de
Baujahre: 1949–1953
Leistung: 1100 kW
Länge über Puffer: 15.240–15.443 mm
Dienstmasse: 105 t
Stückzahl: 3849

PA (ALCo)

Mit der PA begann in den Vereinigten Staaten die Ära der modernen Nachkriegslokomotiven. Beim Bau dieser Dieselloks berücksichtigten die Ingenieure der American Locomotive Company die Gesetze der Aerodynamik und versahen die Loks mit windschnittigen Schnauzen. Die Zugkraft entstammt einem 16-Zylinder-Turbomotor, der nicht nur Personen-, sondern auch Güterzüge über die Trassen zog. Die PA wurde ein weltweiter Erfolg, und drei der 297 gebauten Maschinen fuhren sogar in Brasilien.

Bauart: (A1A)(A1A)
Baujahr: 1946
Leistung: 1470/1655 kW
Länge über Puffer: 19.960 mm
Dienstmasse: 118 t
Stückzahl: 297 (A-/B-units)

Baureihe 280 (V 80)

Die **Baureihe 280** war eigentlich als große Erfolgsgeschichte geplant. Bedient von einem einzigen Lokomotivführer und mit einer aufwändigen Technik versehen, sollte sie vielseitig einsetzbar sein. Doch die Entwicklung der Baureihe 280 dauerte der Bundesbahn zu lange, und so entschied sie sich für die Baureihen 290 und 211. Nur zehn Lokomotiven der Baureihe kamen ab 1951 zum Einsatz. Ende der 1970er Jahre wurden sie wieder ausgemustert und nach Italien verkauft, wo neun von ihnen noch im Bauzugdienst ihre Aufgaben erfüllen.

Bauart: B'B'dh
Baujahre: 1951–1952
Leistung: 590/736/810 kW
Länge über Puffer: 12.800 mm
Dienstmasse: 58 t
Stückzahl: 10

DIESELLOKOMOTIVEN

Northlander FP

1951 begann die große Erfolgsgeschichte der Diesellokomotive F/FP7. Die von General Motors gebauten Maschinen mit ihrer typischen runden Nase befuhren jahrelang und zuverlässig Nordamerika. 1980 dann kam der Adelsschlag, als sie die berühmten kanadischen Northlander-Züge übernahmen und so nach und nach die niederländischen und schweizerischen TransEurop-Express-Garnituren ablösten, die in Kanada unter dem Namen „T-Trains" bekannt geworden waren.

Bauart: Bo'Bo'de
Baujahre: 1951–1953
Leistung: 2100 kW
Länge über Puffer: 15.440 mm
Dienstmasse: 105 t

DIESELLOKOMOTIVEN

Baureihe 608 (VT 08.5)

Die 1952 entstandene Baureihe 608 ist eine dreiteilige Lokomotive, die auf bis zu fünf Teile erweitert werden konnte. Die solide und leistungsstarke Maschine bot sich für den deutschen Fernschnellverkehr an, vor allem auf den Strecken, die noch nicht ans Stromnetz angeschlossen waren, und das waren damals noch die meisten. Lange Zeit fuhren die Loks im TEE-Dienst und kamen locker mit, als die DB die Höchstgeschwindigkeit auf 140 km/h heraufsetzte. 1985 wurde die Baureihe 608 ausgemustert, nachdem sie die letzten 20 Jahre im Nahverkehr zugebracht hatte.

Bauart: B'2'+2'2'+2'2'dh
Baujahre: 1952–1954
Leistung: 736 kW
Länge über Puffer: 79.970 mm
Dienstmasse: 146 t
Stückzahl: 10

Baureihe 220 (V 200.0 DB)

Für schwerere Arbeiten auf deutschen Haupt- und Nebenstrecken wurde die Baureihe 220 konzipiert, die, um ihren Aufgaben gewachsen zu sein, auch zwei Traktionsdiesel benötigte. Genau das aber verdoppelte ihren Wartungsaufwand. Obwohl sie dennoch zuverlässig war, musste sie ihren Nachfolgern aus der Baureihe 221 schon bald das Feld überlassen. Nach einer Dienstzeit von nur 30 Jahren wurden einige Lokomotiven an die Schweiz verkauft, wo sie vor Bauzüge gespannt wurden.

Bauart: B'B'dh
Baujahre: 1953–1959
Leistung: 1620 kW
Länge über Puffer: 18.470 mm
Dienstmasse: 81 t
Stückzahl: 86

Baureihe 612/613

Zwischen Dortmund und Köln wurde das Nachfolgemodell der Baureihe 608, die ebenfalls dreiteilige Baureihe 612, eingesetzt. An sich war nur das Heizsystem rationalisiert worden, denn der 612 verfügte über nur eine durchgehende Heizung, während in der Baureihe 608 noch jeder Wagen eine eigene Heizung hatte. 1968 legte die Deutsche Bundesbahn noch den Fußboden um 5 cm höher, und so entstand die ebenfalls formschöne Baureihe 613. Bis 1985 versahen die Züge im Städteschnell- und im Bezirksverkehr ihren zuverlässigen Dienst.

Bauart: B'2'+2'2'+2'2'dh
Baujahre: 1953–1957
Leistung: 736 kW
Länge über Puffer: 80.220 mm
Dienstmasse: 112–132,4 t
Stückzahl: 12

DIESELLOKOMOTIVEN | 137

Reihe 46

Die belgische Staatsbahn SNCB orderte 1952 einen kleinen Triebwagen, der mehr ein über Schienen fahrender Bus als ein Zug mit Lokomotive war. 71 Personen fanden Platz in der 46, die mit 80 km/h den belgischen Nahverkehr bediente. Mit der zunehmenden Mobilität konnte sie nicht mithalten und versah am Ende nur noch bahninterne Dienstfahrten, bis sie Anfang der 1990er-Jahre von den Gleisen genommen wurde.

Bauart: 1A'A1'dm
Baujahr: 1952
Leistung: 99/120 kW
Länge über Puffer: 16.200 mm
Dienstmasse: 32,6 t
Stückzahl: 20

Baureihe 798 (VT 98.9)

Immerhin 329 Exemplare wurden zwischen 1953 und 1962 von der Baureihe 798 gebaut. Es waren ihr vielseitiges Einsatzgebiet sowie ihre vielfältigen Umbauvorrichtungen, die diese Erfolgsgeschichte begründeten. Die 798 war ein zweimotoriger Schienenbus mit Zug- und Stoßvorrichtungen, konnte also auch Güterwagen ziehen. Sie verfügte außerdem über eine Vielfachsteuerung und über zahlreiche Steuer- und Beiwagen. Erst im Jahr 2000 musterte die Bundesbahn sie bis auf wenige Maschinen aus, die heute nur noch bei der Prignitzer Eisenbahn fahren.

Bauart: Bodm
Baujahre: 1953–1962
Leistung: 222 kW
Länge über Puffer: 13.950 mm
Dienstmasse: 18,9–20,9 t
Stückzahl: 329

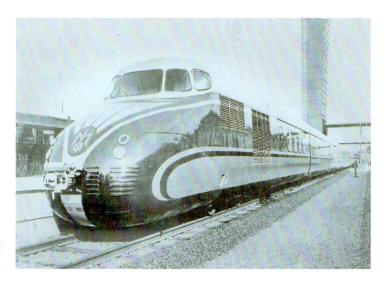

VT 10 551

Das nächtliche Gegenstück des Tagesreisezuges VT 10 501 war der Nachtreise-Gliedertriebzug VT 10 551. Als F-Zug „Komet" war er auf der Strecke Hamburg–Basel–Zürich unterwegs. Von Wegmann gebaut und im Besitz der Deutschen Schlaf- und Speisewagen-Gesellschaft bestand der Zug aus fünf Mittelwagen, einem Speise- und einem Salonwagen. Aber auch ihm half der Luxus nicht weiter. Er wurde 1957 aufs Abstellgleis gerollt, von wo aus er 1963 seine letzte Reise zur Verschrottung antrat.

Bauart: B'2'2'2'2'2'2'2'B'dh
Baujahr: 1953
Leistung: 562 kW
Länge über Puffer: 108.900 mm
Dienstmasse: 111,7 t
Stückzahl: 1

FL9 (EMD)

Das Mitte der 1950er-Jahre erwachende Umweltbewusstsein auch in den USA setzte die Ingenieure von EMD vor neue Aufgaben. Abgasschutzbestimmungen in den Ballungsräumen verlangten für den Personenverkehr sogenannte Mehrsystemloks, die nicht nur dieselelektrisch angetrieben wurden, sondern auch rein elektrisch auf einer Stromschiene fahren konnten. Die FL9 wurde diesen Ansprüchen gerecht. Nahe der Städte schaltete sie den Dieselmotor aus und auf Strom um, während der Dieselantrieb sie durch die ländlichen Gegenden brachte.

Bauart: Bo-A1A
Baujahr: 1954
Leistung: 1287 kW
Länge über Puffer: 16.450 mm
Dienstmasse: 105 t
Stückzahl: 60

DIESELLOKOMOTIVEN

Serie DE-2 (Plan X)

Die „Blauen Engel" wie man sie einst auch am Aachener Bahnhof besteigen konnte, heißen eigentlich „Blauwe Engelen" und stammen aus den Niederlanden. Formschön und auffällig fuhren sie seit 1953 in hellblauer Lackierung und mit Flügeln an der Front im Regionalverkehr durch die holländischen Ebenen. Ende der 1970er-Jahre wurden die zweiteiligen dieselelektrischen Triebwagen modernisiert und mit neuen Motoren versehen. Kurz vor ihrem Ruhestand vor wenigen Jahren versahen sie ihren Dienst noch im Planeinsatz.

Bauart: Bo'2'Bo'de
Baujahre: 1953–1954
Leistung: 360 kW
Länge über Puffer: 45.400 mm
Dienstmasse: 90 t
Stückzahl: 56

Y 6 SJ

Ab 1953 stieg die **Geschwindigkeit** auf schwedischen Gleisen. Zu verdanken ist dies den leichten Dieseltriebwagen der Reihe Y 6. Im Gegensatz zu den bis dahin üblichen zweiachsigen Schienenbussen waren die Y 6 mit Drehgestellen versehen, die ihnen höhere Geschwindigkeiten erlaubten. Mit immerhin 115 km/h rasten Triebwagen und Beiwagen über die weniger befahrenen Strecken Schwedens.

Bauart: B'2'dm
Baujahre: ab 1953
Leistung: 145 kW
Länge über Puffer: 17.550 mm
Dienstmasse: 19 t
Stückzahl: 250

DIESELLOKOMOTIVEN

Reihe Di 3 NSB

35 Rundnasen verkaufte die im schwedischen Trollhättan ansässige Lokomotivenfabrik Nohab in den 1950er-Jahren an die Norges Statsbaner, die norwegische Bahngesellschaft. Mitte der 1990er-Jahre standen sie kurz vor ihrer Ausmusterung, und modernere wie technisch ausgefeiltere Lokomotiven sollten sie ersetzen. Doch diese hielten den Anforderungen Norwegens nicht stand, und kurzerhand wurden die Di 3 leicht modernisiert. Heute steht wiederum eine moderne Lokomotive in den Startlöchern, um an ihre Stelle zu treten.

Bauart: 'Co'de/(A1)(A1A)de
Baujahre: 1954–1969
Leistung: 1305 kW
Länge über Puffer: 18.600/18.900 mm
Dienstmasse: 102,2/103,8 t
Stückzahl: 32 + 3

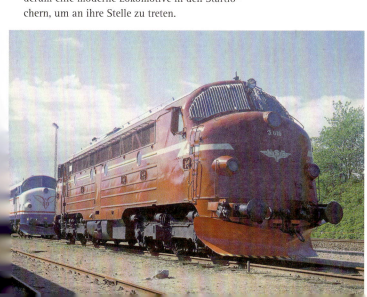

SD9 (EMD)

Die SD9 entstand 1954 in Amerika und war wie ihre Rangierschwester GP9 für Spezialaufgaben vorgesehen. Darauf weist auch ihr Name hin, SD wie „special duty". Die sechs Achsen der SD9 verringern den jeweiligen Achsdruck, und die Maschine konnte auch auf nicht so belastbaren Nebenstrecken schwere Güterzüge transportieren. Und dabei ist sie mit einer Spitze von 105 km/h auch noch schnell.

Bauart: Co'Co'
Baujahre: ab 1954
Leistung: 1500 kW
Länge über Puffer: 18.500 mm
Dienstmasse: 163 t
Stückzahl: 471

Reihe Mx/My

Es waren vor allem die weltweit erfolgreichen Rundnasen des amerikanischen Herstellers GM-EMD, die das Ende der Dampflokomotiven beschleunigten. In Schweden baute Nohab diese Maschinen in Lizenz nach und verkaufte sie an die Danske Statsbaner (DSB). Wer sie heute noch sehen will, muss sich in den Westen Jütlands begeben, wo sie im Namen einiger Privatbahnen, wie etwa der Arriva Tog, noch heute im Dienst sind.

Bauart: (A1A)(A1A)de
Baujahre: 1954–1965
Leistung: 1047–1433 kW
Länge über Puffer: 18.900 mm
Dienstmasse: 90–113 t
Stückzahl: 58

Serie 52/53/54

52, 53 und 54 waren General-Motors-Lokomotiven, die die Belgier aufgrund ihrer runden Nase liebevoll als „Kartoffelkäfer" bezeichneten. Auf der Athus-Meuse-Linie in den Ardennen waren sie es, die die schweren Güterzüge transportierten. Als in den 1990er-Jahren die Führerstände modernisiert wurden, verloren die „Kartoffelkäfer" ihre runden Nasen und 2004 auch noch ihr Einsatzgebiet. Ihre Strecke wurde elektrifiziert und die Loks ausgemustert.

Bauart: Co'Co'
Baujahre: 1955–1957
Leistung: 1265 kW
Länge über Puffer: 18.850 mm
Dienstmasse: 108 t
Stückzahl: 11 + 20 + 4 = 35

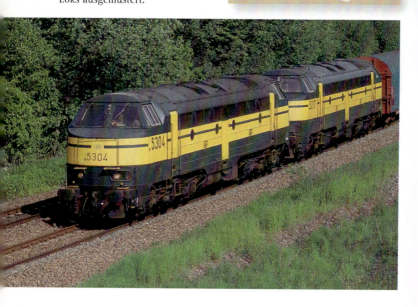

DIESELLOKOMOTIVEN

X 2700

29 Triebwagen der Reihe X 2700 wurden Mitte der 1950er-Jahre vor französische Personenzüge gespannt. Einige von ihnen standen sogar im TEE-Dienst. Alle Züge aber verfügten über klimatisierte Wagen für die 1. und 2. Klasse. Nach 30-jährigem Staatsdienst wurden die Lokomotiven zeitgemäßen Anforderungen angepasst und fahren heute vorwiegend in den französischen Alpen südlich von Grenoble – ein schöner Zug in einer malerischen Landschaft.

Baujahre: 1955–1956
Leistung: 426 kW
Länge über Puffer: 52.680 mm
Dienstmasse: 84,7 t
Stückzahl: 29

Baureihe 601 (VT 11.5)

Die **Baureihe 601** stand für den aufkommenden Luxus im deutschen Wirtschaftswunderland Ende der 1950er-Jahre. Sie gehörte zu einem Zug im Dienste des TEE-Verkehrs mit zwei Triebköpfen und fünf bis acht schmucken Mittelwagen, die ihren gut betuchten Erste-Klasse-Reisenden ein wahres Hochgefühl vermitteln konnten. Auch technisch ließ der Zug nichts zu wünschen übrig. 1979 überließ die Deutsche Bundesbahn die Züge dem Charterverkehr, für den sie noch weitere neun Jahre bis zu ihrer Ausmusterung bei Bedarf über die Schienen rollen sollten.

Bauart: B'2'+2'2'+2'2'+2'2'+2'2'+2'2' +2'Bo'dh
Baujahr: 1957
Leistung: 1620 kW
Länge über Puffer: 130.680 mm
Dienstmasse: 211 t
Stückzahl: 8

DIESELLOKOMOTIVEN 149

PA (ALCo/MLW)

Die American Locomotive Company stand Pate für die PA, die die kanadische Montreal Locomotive Works im Auftrag Argentiniens baute. Von 1957 bis 1990 rollte diese Diesellok durch die südlichen Vororte und Stadtteile von Buenos Aires. Vor allem durch ihre auffallende „Sicherheitsnase" sollte sie ihren Fans in Erinnerung bleiben.

Bauart: A1A–A1A
Baujahr: 1957
Leistung: 1655 kW
Länge über Puffer: 19.960 mm
Dienstmasse: 118 t

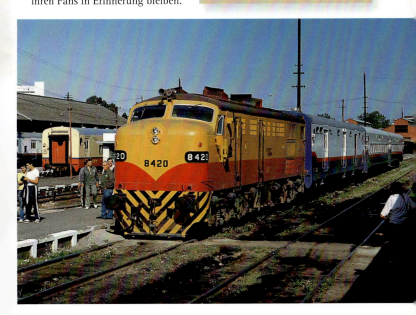

RSD-16 (ALCo)

Die dieselelektrische RSD-16 der American Locomotive Company wurde zu einem großen Exporterfolg. Mehrere argentinische Bahngesellschaften zeigten sich angetan und spannten die Lokomotiven vor ihre Vorortzüge. Der 12-Zylindermotor bringt es auf 122 km/h und ist noch heute im argentinischen Nahverkehr im Einsatz.

Bauart: Co-Co
Baujahre: 1957–1959
Leistung: 1313 kW
Länge über Puffer: 17.088 mm
Dienstmasse: 108 t
Stückzahl: 130

Baureihe 211 (V 100.10 DB)

Die Baureihe 211 wurde Ende der 1950er-Jahre zur wirtschaftlicheren Nachfolgerin der Dampflokbaureihen 38, 57, 64 und 86. Es handelte sich um eine einmotorige Drehgestellok, die nur von einem Mann zu bedienen war. Die Deutsche Bundesbahn setzte sie auf weniger befahrenen Haupt- und Nebenstrecken ein. Die fortschreitende Stilllegung der Nebenbahnen jedoch wurde auch ihr zum Verhängnis, und so wurde sie ab 1982 sukzessive ausgemustert.

Bauart: B'B'dh
Baujahre: 1958–1964
Leistung: 810 kW
Länge über Puffer: 12.100 mm
Dienstmasse: 62 t
Stückzahl: 364

DIESELLOKOMOTIVEN

Baureihe 060-DA

Nach Schweizer Lizenz baute der rumänische Hersteller Electroputere die Baureihe 060-DA nach dem schweizerischen Vorbild Ae 6/6. Der Nachbau lohnte sich, denn sage und schreibe 2241 Lokomotiven verließen das Werk in Craiova. Viele von ihnen wurden exportiert, in großer Zahl nach Polen, Bulgarien und sogar nach China.

Bauart: Co'Co'de
Einsatz ab 1959
Leistung: 1545 kW
Länge über Puffer: 17.000 mm
Dienstmasse: 114 t
Stückzahl: ca. 600

228 059/131/203

Wer sie sah, vergaß sie so schnell nicht: Die 228 059 sah ungewöhnlich aus, auch wenn sie sich technisch kaum von ihren Schwestern unterschied. Mit blendfreien Frontscheiben an den Stirnseiten rasten die außergewöhnlichen Lokomotiven über die Schienen der DDR. Sie entstammen einer Zeit, als die DDR Ende der 1950er-Jahre begann, versuchsweise glasfaserverstärkte Kunststoffe einzusetzen. Obwohl die Lokomotiven auch in den Versionen 131 und 203 viel Wohlgefallen erregten, setzten sich diese Kunststoffe nicht durch, und die DDR stellte 1967 die Produktion ein.

> **Bauart:** B'B'dh
> **Baujahre:** 1959–1967
> **Leistung:** 1324/1472 kW
> **Länge über Puffer:** 19.460 mm
> **Dienstmasse:** 78 t
> **Stückzahl:** 169

Baureihe 228.0 (V 180.0, 118.0 DR)

1963 begann in der DDR die Serienproduktion einer ersten Diesellokomotive der Mittelklasse. Ab der 86. Maschine wurden leistungsstärkere Motoren eingesetzt, und die Deutsche Reichsbahn nannte die Lokomotiven von da an V 180 101. Von dem anfänglichen Problem, dass die Achslasten zu hoch waren, war nun nichts mehr zu spüren. Obwohl die DDR noch im Namen der Deutschen Reichsbahn begann, die Lokomotiven nach und nach von den Gleisen zu nehmen, fuhren die letzten noch bis 1994 im Dienst der Deutschen Bundesbahn.

Bauart: B'B'dh
Baujahre: 1959–1967
Leistung: 1324/1472 kW
Länge über Puffer: 19.460 mm
Dienstmasse: 78 t
Stückzahl: 169

DIESELLOKOMOTIVEN

Class 37

309 Lokomotiven der Reihe Class 37 prägten zwischen 1960 und 1965 das Bild des britischen Schienennetzes. Sie zogen sowohl Personen- als auch Güterzüge im Namen der British Railways durch England. Für ihre speziellen Aufgaben im Reise- oder Güterverkehr erhielten sie teilweise eine andere Getriebeübersetzung.

Bauart: Co'Co'
Baujahre: 1960–1965
Leistung: 922 kW
Länge über Kupplung: 18.750 mm
Dienstmasse: 103–120 t
Stückzahl: 309

DIESELLOKOMOTIVEN

Serie DE-3 (Plan U)

Um die alten Lokomotiven aus den 1930er-Jahren auszumustern, kauften die Nederlandse Spoorwegen Anfang der 1960er-Jahre 41 dieselelektrische Dreiwagenzüge des Herstellers Werkspoor. Diese Lokomotiven der Serie DE-3 (Plan U) wurden 1980 modernisiert und rasten mit Höchstgeschwindigkeiten von bis zu 125 km/h als Nahverkehrszüge durch die Niederlande.

Bauart: Bo'Bo'de+2'2'+2'2'
Baujahre: 1960–1963
Leistung: 736 kW
Länge über Puffer: 25.170 + 24.900 + 25.170 mm
Dienstmasse: 66 + 35 + 35 t
Stückzahl: 41

Reihe 51

Zahlreiche belgische Dampfloks wurden ausgemustert, als im Jahr 1961 die Reihe 51 die Werkshallen verließ. Die leistungsstarken Diesellokomotiven wurden mit einem 10-608A-Motor aus dem Hause Cockerill-Baldwin angetrieben. Die Lokomotiven leisteten im Auftrag der belgischen Staatsbahn Schwerstarbeit im Güterverkehr und wurden 2003 schließlich von den Gleisen genommen. Nur wenige Loks sind geblieben und finden noch Verwendung als Bauzüge.

Bauart: Co'Co'de
Baujahre: 1961–1963
Leistung: 1285/1569 kW
Länge über Puffer: 20.160 mm
Dienstmasse: 117/113,2 t
Stückzahl: 93

DIESELLOKOMOTIVEN

Serie 62/63

Zunächst unter dem Namen Serie 212, später dann als 62/63 bezeichnet, fegten die Diesellokomotiven aus dem Jahr 1961 die allerletzten Dampfloks von den belgischen Schienen. Sie waren vielseitig einsetzbar und wurden vor allem mit den M2-Wagengarnituren verbunden, die auf den fahrdrahtlosen Strecken rund um Charleroi, Gent und Antwerpen im Nahverkehr unterwegs waren. Heute sind sie nach einer Modernisierung und der Ausrüstung mit dem GM-Motor 12-567C nur noch im Güterverkehr zu finden.

Bauart: Bo'Bo'
Baujahre: 1961–1966
Leistung: 1050 kW
Länge über Puffer: 16.790 mm
Dienstmasse: 79 t
Stückzahl: 136

202 001 (DE 2000)

Um den Beweis anzutreten, dass sich schnelllaufende Motoren für die elektrische Leistungsübertragung eignen, entwickelten Siemens und Henschel 1962 gemeinsam die 202 001 mit einer Leistung von 1470 kW. Zwar ebnete die Versuchslok den Weg zur Entwicklung der DE 2500, doch der geplante Exporterfolg blieb vollends aus. Nur zwei Jahre, 1968/69, fuhr die Lokomotive für die Deutsche Bundesbahn, ab 1972 dann für die Westfälische Landesbahn. Sechs Jahre später wurde sie verschrottet.

Bauart: Bo'Bo'de
Baujahr: 1962
Leistung: 1470 kW
Länge über Puffer: 18.200 mm
Dienstmasse: 83,2 t
Stückzahl: 1

Bamot 701 GySEV

Die **Bamot 701** war ein vierachsiger Dieseltriebwagen mit einer Leistung von 110 kW und einer mechanischen Kraftübertragung. Zwei dieser Lokomotiven fuhren von 1962 bis 1964 im Testbetrieb des ungarischen Herstellers MÁV, der die Lokomotiven dann jedoch nicht übernahm. 1967 erfolgte ein Umbau auf hydrodynamische Kraftübertragung und auf 133 kW verstärkte Motoren. Die beiden Züge mit 66 Sitzplätzen und einer Höchstgeschwindigkeit von 90 km/h fuhren seit 1968 im Dienst der Györ-Sopron-Ebenfurti Vasut (GySEV).

Bauart: (1A)(A1)
Baujahre: 1962/1967 (Umbau)
Leistung: 266 kW
Länge über Puffer: 22.700 mm
Dienstmasse: 45 t
Stückzahl: 2

DIESELLOKOMOTIVEN

GP30 (EMD)

Ein Meilenstein auf dem Weg zum modernen Lokomotiv-Design gelang der Electric-Motive Division mit der GP30. Ein windschnittiger Lokkasten, ein kappenähnlicher Führerstand, eine zusammenhängende Kühlung für die Motoren und hintenliegende Lüfter verliehen der Lokomotive ab 1962 ein ganz neues Gesicht. Weltweit kauften 27 Bahngesellschaften insgesamt 948 dieser Lokomotiven, deren Motor über eine Leistung von 1655 kW verfügte.

Bauart: Bo'Bo'
Baujahre: ab 1962
Leistung: 1655 kW
Länge über Puffer: 17.119 mm
Dienstmasse: 115 t
Stückzahl: 948

DIESELLOKOMOTIVEN

A1A-A1A 68000

Die Reihe **A1A-A1A 68000** erfüllt alle Anforderungen einer reinen Güterzuglokomotive: Eine in zwei Drehgestelle eingebettete Laufachse verteilte das hohe Gewicht der wuchtigen Lokomotive, und ein 1645 kW starker Motor erlaubte eine Dienstmasse von 105 t. Auf diese Weise bewegten die leistungsstarken Loks mit 130 km/h zahlreiche Schwergüter über Frankreichs Schienen.

Bauart: (A1A)(A1A)
Baujahre: 1963–1968
Leistung: 1645 kW
Länge über Puffer: 18.010 mm
Dienstmasse: 105 t
Stückzahl: 29 + 7

DIESELLOKOMOTIVEN

Baureihe Tsch MS 3

1963 begann die Erfolgsgeschichte der Tsch MS 3. Der Prototyp hieß noch CME 3 und wurde in den Testverkehr der UdSSR aufgenommen. Die T 669.0 war eine dieselelektrische Lokomotive auf sechs Achsen und wurde unter den Bezeichnungen Tsch MS 3, Tsch MS 3 M, Tsch MS 3 T und Tsch MS 3 E von der tschechischen Firma CKD an die UdSSR verkauft – bis 1989 genau sage und schreibe 6888-mal. Damit ist sie die am häufigsten gebaute Lokomotive der Welt.

Bauart: Co'Co'de
Baujahre: ab 1963
Leistung: 993 kW
Länge über Puffer: 17.240 mm
Dienstmasse: 114,6 t
Stückzahl: 6888

E9 (EMD)

Wer wollte Ende der 1950er-Jahre in den USA überhaupt noch Zug fahren? Schlechte Zeiten für die Reisezugloks der Electic-Motive Division. Von der E-Serie wurden daher auch nur wenige gebaut, bis 1963 von der E9A nur 100 und von der E9B nur 44 Lokomotiven.

Bauart: (A1A)(A1A)
Baujahre: –1963
Leistung: 1765 kW
Länge über Puffer: 21.410 mm
Dienstmasse: 113 t
Stückzahl: 100 (A)/44 (B)

Zudem waren sie ohnehin den GP- und SD-Serien im Güterverkehr unterlegen, da nur vier der sechs Achsen angetrieben wurden.

Reihe M 61 MÁV

Die schwedische Lokomotivenfabrik hatte ihre dieselelektrischen Lokomotiven, die sie nach US-amerikanischer Lizenz gebaut hatte, bereits erfolgreich nach Norwegen und Dänemark verkauft, als die Ungarische Eisenbahn Anfang der 1960er-Jahre Interesse anmeldete. Mitten im Kalten Krieg kaufte sie 20 dieser Lokomotiven amerikanischer Provenienz. Erst kurz vor der Jahrtausendwende wurden die Nohabs schließlich ausgemustert.

Bauart: Co'Co'de
Baujahre: 1963–1964
Leistung: 1433 kW
Länge über Puffer: 19.007 mm
Dienstmasse: 108 t
Stückzahl: 20

Reihe Ma

Besondere geografische Gegebenheiten erfordern besondere Züge. Daher kauften die Dänischen Staatsbahnen entsprechende Dieseltriebzüge, die für den Schnellverkehr zwischen den Inseln zuständig waren. Es handelte sich um einen viergliedrigen Zug mit einem Motor- und einem Steuerwagen. Mühelos konnte der Zug auf die Fährschiffe über den Großen Belt rollen, und ebenso mühelos ließen sich zwei Züge zu einem Vollzug zusammenkuppeln. Sie fuhren ebenfalls im Intercityverkehr, bis sie 1990 ausgemustert wurden.

Bauart: B'2' + 2'2' + 2'2' + 2'2'dh
Baujahre: 1963–1966
Leistung: 801 kW
Länge über Puffer: 75.280 mm
Dienstmasse: 76 t
Stückzahl: 14

DIESELLOKOMOTIVEN 167

Serie 1600

Als Lizenznachbau von General Motors und der schwedischen Lokomotivfabrik Nohab entstand die Serie 1600 im belgischen Eisenbahnwerk Anglo-Franco-Belge (AFB). Sie bestand aus vier Lokomotiven, die aufgrund ihrer Lackierung als „Kartoffelkäfer" bezeichnet wurden. Sie fuhren bis 1994 im Namen der Luxemburgischen und Belgischen Staatsbahnen. Dann teilt sich ihre Geschichte: Die 1602 wurde in private Hände verkauft, die 1603 verkehrt noch auf der Vennbahn, und die 1604 wurde zum Ausstellungsstück des Staatsbahnmuseums.

Bauart: (A1)'(A1A)'
Baujahr: 1963
Leistung: 1170 kW
Länge über Puffer: 18.900 mm
Dienstmasse: 113 t
Stückzahl: 4

Baureihe 201 (V 100, 110 DR)

Die Baureihe 201 steht für die meistgebaute deutsche Diesellokomotive aller Zeiten. Zwischen 1964 und 1978 wurden 877 Exemplare in verschiedenen Varianten für die Deutsche Reichsbahn in der DDR gefertigt. Die einmotorige Drehgestelllok wurde für den Einsatz auf Haupt- und Nebenbahnen konzipiert und ist ausgesprochen zuverlässig und leistungsstark. Gemeinsam mit den Baureihen 346 und 228 deckte die Reihe 201 alle Aufgabenbereiche des Schienenverkehrs ab.

Bauart: B'B'dh
Baujahre: 1964–1978
Leistung: 662/736 kW
Länge über Puffer: 14.240 mm
Dienstmasse: 63,7/60 t
Stückzahl: 877

Reihe M 62 MÁV

Bis 1974 wurden 288 Lokomotiven der Reihe M 62 gebaut und fahren noch heute auf dem ungarischen Streckennetz. Die Maschinen mit dem Spitznamen „Taigatrommel" sind robust und zuverlässig und ähneln in ihrer Bauweise den ebenfalls in Ungarn fahrenden Nohabs. Allerdings sind sie nur im Sommer im Personendienst unterwegs, da die Lokomotiven nicht über eine Zugheizvorrichtung verfügen.

Bauart: Co'Co'de
Baujahre: 1965–1974
Leistung: 1470 kW
Länge über Puffer: 17.550 mm
Dienstmasse: 116 t
Stückzahl: 288

DIESELLOKOMOTIVEN

754 CD, ZSR

Diese Diesellok der CSD wurde von 1979 bis 1980 mit 84 Exemplaren in Dienst gestellt. Zwei Prototypen stammen aus dem Jahr 1975. Die 100 km/h schnellen Fahrzeuge wiegen 74,4 Tonnen. Die 754 verfügt über eine elektrische Zugheizanlage.

Bauart: Bo'Bo'de
Baujahre: 1975–1980
Leistung: 1472 kW
Länge über Puffer: 16.500 mm
Dienstmasse: 74,4 t
Stückzahl: 86

781 ČD, ŽSR

Die in Lugansk für den Ostblock gebauten „Taigatrommeln" fanden auch in der Tschechoslowakei Anklang, und die Tschechoslowakischen Eisenbahnen kauften über 500 Maschinen in verschiedenen Varianten für Regelspuren und für Breitspuren. In Tschechien und der Slowakei erhielten sie allerdings den Spitznamen „Szergej".

Bauart: Co'Co'de
Baujahre: 1966–1975
Leistung: 1470 kW
Länge über Puffer: 17.550 mm
Dienstmasse: 116 t
Stückzahl: 574 + 27

SD45 (EMD)

Ab 1966 verließ die Weiterentwicklung der SD40 als SD45 mit einem stärkeren Motor die Werkshallen der US-amerikanischen Electric Motive Division. Von den insgesamt 1762 gebauten Exemplaren wurden 247 speziell für Tunnelfahrten umgebaut. Dazu wurden die Lüfter seitlich angebracht und die Heckform etwas modifiziert. Der 20-Zylindermotor führte leider zu einem hohen Wartungsaufwand, sodass er in zahlreichen Maschinen mittlerweile gegen einen 16-Zylindermotor ausgewechselt wurde.

Bauart: Co'Co'
Baujahre: ab 1966
Leistung: 3000 kW
Länge über Puffer: 20.980 mm
Dienstmasse: 178 t
Stückzahl: 1762

DIESELLOKOMOTIVEN

CC 72000

Zwischen 1967 und 1974 wurden 92 dieser Lokomotiven in Dienst gestellt, die sowohl Güter als auch Personen über die Gleise Frankreichs zogen. Der Dieselmotor brachte eine Leistung von 2250 kW und verfügte über 16 luftgekühlte Zylinder, die eine Höchstgeschwindigkeit von 160 km/h erlaubten.

Bauart: C'C'
Baujahre: 1967–1974
Leistung: 2250 kW
Länge über Puffer: 20.190 mm
Dienstmasse: 114 t
Stückzahl: 92

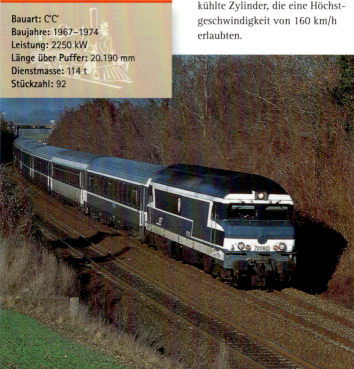

DIESELLOKOMOTIVEN

Serie A401 – A410 (Typ DEL 20 CC)

Auch den Deutschen gelang 1966 ein Handel mit Griechenland. Jung und Siemens verkauften der Griechischen Staatsbahn zehn Lokomotiven der Serie A401–A410. Damals erregten sie Aufsehen, galten sie doch als die modernsten europäischen Lokomotiven ihrer Art. Sowohl vor Güter- als auch vor Personenzüge gespannt, waren die meisten von ihnen bis zu ihrer Ausmusterung 1986 auf der Strecke Athen–Thessaloniki unterwegs.

Bauart: Co-Co
Baujahr: 1966
Leistung: 1460 kW
Länge über Puffer: 19.500 mm
Dienstmasse: 108 t
Stückzahl: 10

DIESELLOKOMOTIVEN | 175

Serie 9401 – 9420 (Typ 48 BB H1)

Mitsubishi lieferte 1967 die 20 in Japan hergestellten Lokomotiven der Serie 9401–9420 nach Griechenland. Sie waren eigens für das meterspurige Schienennetz auf dem Peloponnes konstruiert worden. Hier versehen die Loks ihren Dienst vor leichten Nahgüterzügen und im Personenverkehr.

Bauart: B-B
Baujahr: 1967
Leistung: 2 x 235 kW
Länge über Puffer: 12.040 mm
Dienstmasse: 48 t
Stückzahl: 20

Reihe Mz

1967 war die Reihe Mz der Stolz Dänemarks. Völlig zu Recht galten die dieselelektrischen Lokomotiven als die leistungsstärksten Europas, auch wenn der Motor gar nicht europäisch war, stammte er doch vom amerikanischen Hersteller General Motors. Neun Jahre wurden die Lokomotiven gebaut, doch dann versetzten ihnen die fortschreitende Elektrifizierung sowie der Rückgang im Güterverkehr einen deutlichen Karriereknick. Heute fahren nur noch wenige Lokomotiven der Mz für Privatbahnen und im Auftrag der Railion.

Bauart: Co'Co'
Baujahre: 1967–1978
Leistung: 2410–2850 kW
Länge über Puffer: 20.800–21.000 mm
Dienstmasse: 116,5–121 t
Stückzahl: 68

Baureihe 218

1969 war das Geburtsjahr der erfolgreichsten und zuverlässigsten Diesellokomotive in der Geschichte der Deutschen Bundesbahn. Die Baureihe 218 war eine Mittelklasselok, die erstmalig mit einer elektrischen Zugheizung ausgestattet war. Innerhalb von zehn Jahren, während denen die Motorleistung noch gesteigert werden konnte, orderte die Deutsche Bundesbahn 411 Lokomotiven, die vor alle Personen- und Güterzüge im Nah- und Fernverkehr gespannt werden konnten. Die soliden und zuverlässigen Maschinen sind noch heute die Standardlok der DB Regio.

Bauart: B'B'dh
Baujahre: 1969–1979
Leistung: 1840/2000/2060 kW
Länge über Puffer: 16.400 mm
Dienstmasse: 78,7 t
Stückzahl: 411

GP39 (EMD)

Aus der GP38 ging 1969 die GP39 hervor. Auch diese wurde von der Electric Motive Division bis 1977 zur GP39-2 mit einer verfeinerten Elektronik weiterentwickelt. Mit einer Höchstgeschwindigkeit von 105 km/h transportiert die GP39 noch heute verschiedenste Güter im Nahverkehr auf Haupt- und Nebenstrecken. In ihrer Anfangszeit wurde die Lokomotive universell eingesetzt.

Bauart: Bo'Bo'
Baujahre: 1969/1977
Leistung: 1950 kW
Länge über Puffer: 18.030 mm
Dienstmasse: 126 t
Stückzahl: 373

DIESELLOKOMOTIVEN

SD38 (EMD)

Die SD 38 ist die sechsachsige Variante der GP38 mit höherer Zugkraft. Sie hat zwar nur eine vergleichsweise niedrige Motorleistung, aufgrund ihrer geringen Achslast jedoch eignet sie sich hervorragend für den Regionalbahnverkehr.

Bauart: Co'Co'
Baujahre: 1968–1979
Leistung: 1700 kW
Länge über Puffer: 20.020 mm
Dienstmasse: 163 t
Stückzahl: 135

DIESELLOKOMOTIVEN

202 002, 202 004 (DE 500)

Die allerersten Testlokomotiven für den Drehstromantrieb wurden von Henschel und Brown-Boveri in Wien entwickelt. Sie waren vorgesehen für zwei- oder dreiachsige Drehgestelle, Spurweiten ab 1000 mm und Radsatzlasten ab 12,5 t. Zunächst wurden Diesellokomotiven im Baukastensystem in durch Strom gespeiste Fahrzeuge umgebaut. Solche Loks waren die 202 002 und 202 004, die 1974 an einem fest gekuppelten Steuerwagen einen Stromabnehmer mit Transformator erhielten. Beide Lokomotiven fuhren testweise nicht nur auf deutschen Schienen, sondern auch in den Niederlanden und in Dänemark.

Bauart: Co'Co'de
Baujahre: 1970, 1972
Leistung: 1840 kW
Länge über Puffer: 18.000 mm
Dienstmasse: 80 t
Stückzahl: 2

Baureihe 230 (130 DR)

Die Baureihe 230 diente der Deutschen Reichsbahn seit 1970 als Mehrzwecklokomotive, die jedoch meist vor Güterzüge gespannt wurde. Eigentlich war sie nur eine Kompromisslösung, denn die Reichsbahn wollte ursprünglich für die Traktionsumstellung eine

Bauart: Co'Co'de
Baujahre: 1970–1972
Leistung: 2200 kW
Länge über Puffer: 20.620 mm
Dienstmasse: 115 t
Stückzahl: 80

robuste Maschine mit einer elektrischen Heizung. Diese entwickelte sie gemeinsam mit dem Werk in Lugansk. Die Baureihe 230 wurde dann ein Opfer der Wiedervereinigung und von der Bundesbahn vollständig von den Gleisen genommen.

DIESELLOKOMOTIVEN

Baureihe 2 TE 116

Aus Russland stammt die Baureihe 2 TE 116. Es handelt sich um Doppeleinheiten, die ab 1971 vor schwere Güterzüge gespannt wurden. Der leistungskräftige Motor erreichte mit 4500 kW eine Zugkraft von 798 kN. Ganz ähnlich gebaut wurde die Lokomotive 132 der Reichsbahn, die sich seit der Vereinigung im Bestand der Deutschen Bundesbahn befindet.

Bauart: Co'Co'×2
Baujahre: ab 1971
Leistung: 4500 kW
Stückzahl: 1700

M 41 MÁV

Die bis 1984 gebauten Diesellokomotiven der Reihe M 41 fahren als Personenzuglokomotiven auf allen nicht elektrifizierten Strecken in Ungarn. Hier erreichen sie eine maximale Geschwindigkeit von 100 km/h.

Bauart: B'B'
Baujahre: 1972–1984
Leistung: 1325 kW
Länge über Puffer: 15.500 mm
Dienstmasse: 66 t
Stückzahl: 114

SD40-2 (EMD)

In den 1980er-Jahren wurde das Bild des amerikanischen Schienennetzes vor allem von einer Lokomotive geprägt: Es war die SD40-2, von der die beiden größten Bahngesellschaften Nordamerikas, die Burlington Northern und die Union Pacific, weit über 1000 Maschinen in den Dienst stellten. Oft im Verbund mit mehreren Loks wurden sie vor lange Güterzüge gespannt, bis modernere Maschinen sie ablösten.

Bauart: Co'Co'
Baujahre: 1973–1976
Leistung: 2500 kW
Länge über Puffer: 20.980 mm
Dienstmasse: 180 t

DIESELLOKOMOTIVEN

Serie A221 – A233 (Typ UM 10B)

Die Serie A221–A233 bestand aus 13 Lokomotiven, die für den leichten Einsatz im Personen- und Rangierdienst beim US-amerikanischen Hersteller General Electric gefertigt worden waren. Mit einer Spitzengeschwindigkeit von 109 km/h standen sie im Dienst der Griechischen Staatsbahnen. Drei von ihnen versehen ihre Arbeit noch heute.

Bauart: Bo-Bo
Baujahr: 1973
Leistung: 693 kW
Länge über Puffer: 12.970 mm
Dienstmasse: 63,5 t
Stückzahl: 13

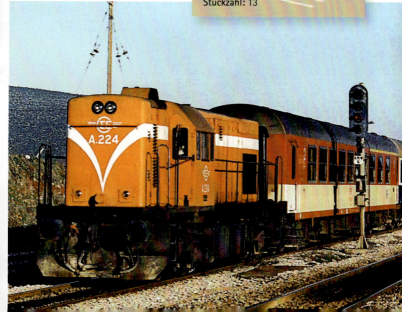

VIA CF40PH-2

Die kanadische Bahngesellschaft VIA Rail Canada entschied sich zwischen 1973 und 1976 für den Einsatz einer leistungsstarken und schnellen Personenzuglokomotive aus dem Hause Electric Motive Division. Mit einer Geschwindigkeit von 166 km/h brachte sie die Städte Toronto und Vancouver einander näher. Abgesehen von ihrer gelb lackierten Vorderseite sind sie ihren US-amerikanischen Schwestern, den F40PH, sehr ähnlich. Diese gehörten einst bei Amtrak zu den wichtigsten Lokomotiven. Heute sind beide Typen ausgemustert.

Bauart: Bo'Bo'
Baujahre: 1973–1976
Leistung: 2500 kW
Länge über Puffer: 18.030 mm
Dienstmasse: 118 t

DIESELLOKOMOTIVEN | 187

Reihe D 345

Insgesamt 145 Diesellokomotiven der Reihe D 345 haben die italienischen Ferrovie Statali seit 1979 im Einsatz. Es gibt unterschiedliche Serien, die unterschiedlichen Aufgabenbereichen gerecht werden. Die Lokomotiven sind mit 130 km/h schnell und leistungsstark und werden auf allen Haupt- und Nebenbahnen eingesetzt – und sie lassen sich auch vermieten. Drei Mietlokomotiven fahren für die Südostbahn in Bari.

Bauart: B'B'de
Baujahre: 1974–1979
Leistung: 990 kW
Länge über Puffer: 13.240 mm
Dienstmasse: 64 t
Stückzahl: 145

Baureihe 219 (119 DR)

Unter einem ungünstigen Stern begann die Geschichte der Baureihe 219. Im Auftrag der DDR sollte ein rumänisches Werk Lokomotiven mit einer geringen Achslast fertigen. Grundlage war die Baureihe 228. Geliefert wurden die Lokomotiven zwischen 1976 und 1985. Aber immer wieder traten technische Defekte auf, und so mussten sie in Karl-Marx-Stadt grundlegend saniert werden. Dabei wurde auch der nach westdeutscher Lizenz gefertigte Motor durch einen zuverlässigeren DDR-Motor ausgewechselt.

Bauart: C'C'dh
Baujahre: 1976–1985
Leistung: 1980 kW
Länge über Puffer: 19.500 mm
Dienstmasse: 96 t
Stückzahl: 200

DIESELLOKOMOTIVEN

Reihe ALn 668.1000/1900

Die zweimotorigen, hydromechanischen Dieseltriebzüge stammen aus dem Hause Fiat und werden auf zahlreichen Haupt- und Nebenbahnen Italiens eingesetzt. Mit einer Spitzengeschwindigkeit von 130 km/h bringen sie bis zu 56 Fahrgäste der 2. Klasse sowie zwölf Erste-Klasse-Reisende von Ort zu Ort. Der Sitzabstand ist übrigens in beiden Wagenklassen gleich.

Bauart: (1Ao)(Ao1)dm
Baujahre: 1975–1979
Leistung: 340 kW
Länge über Puffer: 23.540 mm
Dienstmasse: 37 t
Stückzahl: 119 + 41

DIESELLOKOMOTIVEN

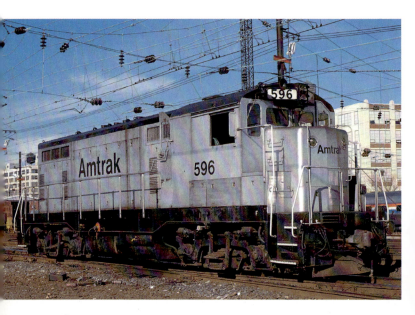

C30-7 (GE)

Die von **General Electric** für die Vereinigten Staaten gefertigte C30-7 wurde zu einer echten Konkurrenz für die bis dahin so erfolgreiche SD40 aus dem Hause Electric Motive Division. Der zuverlässige Viertaktmotor 7-FDL-16E16 überzeugte viele amerikanische Bahngesellschaften, und so waren bis 1983 genau 1156 Lokomotiven auf den Schienen Amerikas im Einsatz.

Bauart: Co'Co'
Baujahre: 1977–1983
Leistung: 2500 kW
Länge über Puffer: 20.500 mm
Dienstmasse: 191 t
Stückzahl: 1156

DIESELLOKOMOTIVEN

Class 56

Die Class 56 war seit 1976 ein wichtiger Bestandteil des englischen Güterzugverkehrs. Ein Teil der 135 schweren Diesellokomotiven wurde in England, ein anderer Teil in Rumänien gebaut. Die Maschinen rumänischer Herkunft wurden in den letzten Jahren vollends ausgemustert, die englischen Loks zu einem Teil von der modernen Class 60 abgelöst.

Bauart: Co'Co'
Baujahre: 1976/1977
Leistung: 2420 kW
Dienstmasse: 125 t
Stückzahl: 135

DIESELLOKOMOTIVEN

742 CD, ZSR

Zwischen 1977 und 1986 wurden die dieselelektrischen Lokomotiven der Baureihe 742 an die Staatsbahnen der Tschechoslowakei verkauft, wo sie unter der Bezeichnung T 466.2 ihren Dienst antraten. Sie waren universell einsetzbar und fahren heute noch für verschiedene Industriebetriebe in Tschechien und der Slowakei.

Bauart: Bo'Bo'de
Baujahre: 1977–1986
Leistung: 883 kW
Länge über Puffer: 13.580 mm
Dienstmasse: 64 t
Stückzahl: 494

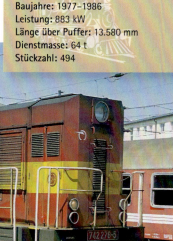

B23-7 (GE)

Mit der GP39-2 hatte die Electric Motive Division ihre Konkurrenz unter Zugzwang gebracht. General Electric entwickelte als Antwort die B23-7 mit einem 2300-PS-starken Motor und einer Leistung von 1950 kW. Mit 557 ab 1978 gebauten Exemplaren war die Lokomotive von General Electric gemessen an der verkauften Stückzahl dann sogar wesentlich erfolgreicher als ihre Vorlage.

Bauart: Bo'Bo'
Baujahre: ab 1978
Leistung: 1950 kW
Länge über Puffer: 18.590 mm
Dienstmasse: 121 t
Stückzahl: 557

ALn668.1200

Wie schon der Vorgänger ALn 668.1000/1900 hatte auch diese italienische Baureihe höchst demokratische Grundzüge. Der Sitzabstand war mit 1,68 m in der 2. Klasse genauso groß wie in der 1. Klasse. Dafür war die Maschine, die zwischen 1979 und 1980 gebaut wurde, 20 km/h langsamer, was aber ausdrücklich so gewünscht war.

Bauart: (1Ao)(Ao1)dm
Baujahre: 1979–1980
Leistung: 244 kW
Länge über Puffer: 23.540 mm
Dienstmasse: 37 t
Stückzahl: 60

C36-7 (GE)

Mit der C36-7 gelang dem US-amerikanischen Hersteller General Electric der Sprung auf die weltweite Spitzenposition in der Diesellokomotivtechnik. Sie wurde zur leistungsstarken Ablösung der erfolgreichen C30-7 und ebnete den Weg zu einer noch moderneren Lokomotive, der C40-8, die später als Dash-8-Serie Aufsehen erregen sollte.

Bauart: Co'Co'
Baujahre: 1980–1985
Leistung: 3200 kW
Länge über Puffer: 20.500 mm
Dienstmasse: 191 t
Stückzahl: 203

Y 1 SJ

Nachdem in Schweden Ende der 1970er-Jahre zahlreiche Nebenstrecken nicht mehr betrieben wurden, war dies auch das Ende vieler Triebzüge. Nur noch 100 Triebwagen wurden tatsächlich gebraucht und aus Italien beschafft. Mit einer Höchstgeschwindigkeit von 130 km/h regeln die Typen Y 1 und YF1 den schwedischen Nahverkehr.

Bauart: (1A)(A1)dh
Baujahre: 1979–1981
Leistung: 320 kW
Länge über Puffer: 24.400 mm
Dienstmasse: 45 t
Stückzahl: 100

DIESELLOKOMOTIVEN |

Baureihe 2 TE 10 M

2172 dieselelektrische Lokomotiven der Baureihe 2 TE 10 M sind auf Russlands Schienen unterwegs. Es handelt sich um die modernere Variante der 2 TE 10 V, auch wenn sich das Leistungsprofil nicht sonderlich unterscheidet. Meist wird sie in Doppeltraktion eingesetzt. Sie erreicht eine enorme Anfahrzugkraft von 798 kN.

Bauart: Co'Co'x2
Baujahre: ab 1981
Leistung: 4416 kW
Stückzahl: 2172

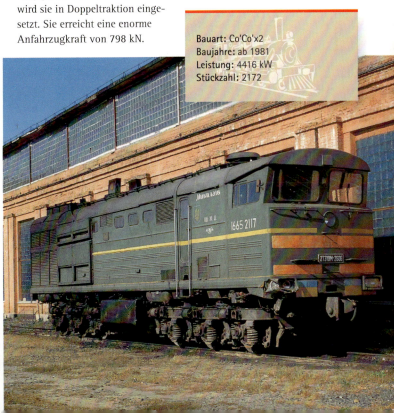

DIESELLOKOMOTIVEN

Reihe Me

Warum nicht eine Güterzuglokomotive bauen, die auch vor einen hochrangigen TEE-Zug gespannt werden kann? Das war die Idee der beiden Firmen Henschel und Scandia Randers. Ausgerüstet mit einem Motor von General Motors entstanden zwischen 1981 und 1985 genau 36 klobig scheinende Drehstromlokomotiven der Reihe Me.

Bauart: Co'Co'de
Baujahre: 1981–1985
Leistung: 2200 kW
Länge über Puffer: 21.000 mm
Dienstmasse: 115 t
Stückzahl: 36

Canadian Pacific SD40-2

1984 war das Geburtsjahr der SD40-2, für den US-amerikanischen Lokomotivenhersteller Electric Motive Division ein wahres Erfolgsjahr. Nicht nur die USA, sondern auch Kanada setzten zahlreiche dieser robusten, sechsachsigen Maschinen in Dienst. Die mit dem Güterzugdienst befassten kanadischen Bahngesellschaften, wie etwa die Canadian Pacific Rail, arbeiten noch heute mit diesen unverwüstlichen Lokomotiven, die auch dreifach oder vierfach vor schwere Güterzüge gespannt werden können.

Bauart: Co'Co'
Baujahr: 1984
Leistung: 2500 kW
Länge über Puffer: 20.980 mm
Dienstmasse: 180 t

GP60 (EMD)

Wieder eine Lokomotive der Superlative aus den Konstruktionsbüros der Electric Motive Division: Mit einer Motorleistung von 3200 kW entstand ab 1985 die GP60, die damals stärkste vierachsige Lokomotive der Welt.

Bauart: Bo'Bo'
Baujahre: ab 1985
Leistung: 3200 kW
Länge über Puffer: 18.200 mm
Dienstmasse: 118 t
Stückzahl: 356

B40-8W (GE)

Die Dash-8-Serie von General Electric brachte die Lokfabrik an die Spitze aller Lokomotivenhersteller. Zu der Baureihe gehören auch die B40-8W, die meist in Mehrfachtraktion vor Intermodal-Züge gespannt werden. Das W steht für „wide nose" und bezieht sich auf das Sicherheits-Führerhaus, das beim Konkurrenten Electric Motive Division mit dem Buchstaben M gekennzeichnet wird.

Bauart: Bo'Bo'
Baujahre: 1988–1990
Leistung: 3400 kW
Länge über Puffer: 20.220 mm
Dienstmasse: 127 t
Stückzahl: 83

SD60 (EMD)

3800 PS hatte die SD60 aus dem Hause Electric Motive Division unter der Haube, und damit befriedigte sie die US-amerikanische Nachfrage nach leistungsstarken Maschinen. In nur neun Jahren verkaufte sie sich bis 1995 exakt 520 Mal. Dann kam General Electric mit den Hochleistungsmaschinen der Serie Dash 8 auf den Markt – eine ernst zu nehmende Konkurrenz, die den Absatz der SD60 extrem einschränkte.

Bauart: Co'Co'
Baujahre: 1986–1995
Leistung: 3200 kW
Länge über Puffer: 21.820 mm
Dienstmasse: 177 t
Stückzahl: ca. 520

DIESELLOKOMOTIVEN | 203

C41-8W (GE)

Mit der Dash-8-Serie hatte General Electric ein derart erfolgreiches Diesellok-Muster erarbeitet, das sich daraus eine Vielzahl von Varianten entwickeln ließ. So entstand neben der C40-8 eine Spielart mit Sicherheits-Führerkabine (C40-8W). Der Motor ließ sich optimieren, sodass sich nun auch eine C41-8W sowie eine C42-8W ableiten ließen. Wie üblich in den USA, sind die Maschinen vom Typ C41-8W auch in Mehrfachtraktion vor langen Güterzügen im Einsatz.

Bauart: Co'Co'
Baujahre: ab 1988
Leistung: 1900 kW
Länge über Puffer: 21.560 mm
Dienstmasse: 191 t
Stückzahl: ca. 1000 (C40/C41/C42 insgesamt)

DIESELLOKOMOTIVEN

Serie 6400/6500

Zu Beginn der 1990er-Jahre suchten die Niederländischen Staatsbahnen einen Ersatz für ihre inzwischen veraltete Serie 220, deren Lokomotiven im Güterzugverkehr eingesetzt worden waren. Beim Hersteller Krupp-MaK bestellten sie 120 leise und zuverlässige Maschinen der Serie 6400. Mittlerweile haben sie den gesamten Güterzugdienst der Niederlande übernommen und können im Dreierverbund sogar vor schwere Erzzüge gespannt werden.

Bauart: Bo'Bo'de
Baujahres: 1988–1994
Leistung: 1180 kW
Länge über Puffer: 14.400 mm
Dienstmasse: 80 t
Stückzahl: 120

Class 66

General Motors lieferte an den britischen Baukonzern Foster Yeoman insgesamt 15 Lokomotiven der „Class 59" im kleineren englischen Lichtraumprofil. Mit den Erfahrungen aus dieser Serie entwickelte GM die „Class 66", die in größeren Stückzahlen nach England geliefert wurde, aber z.B. auch in Schweden, Norwegen, Polen und Belgien zu finden ist. Der größte Teil der britischen Maschinen wird inzwischen von der deutschen DB Schenker eingesetzt.

Bauart: Co'Co'
Baujahre: ab 1985
Leistung: 2237 kW
Länge über Puffer: 21.350 mm
Dienstmasse: 126 t
Stückzahl: ca. 500

| DIESELLOKOMOTIVEN

B42-9P (GE)

Nach der erfolgreichen Dash-8-Serie musste sie kommen: die Serie Dash-9. Sie wird seit 1993 gebaut und trägt den Beinamen „Genesis", den sie ihrem völlig neuen, fast schon futuristisch anmutenden Aufbau verdankt. 43 Lokomotiven stellte die amerikanische Eisenbahngesellschaft Amtrak für den Personenverkehr in Dienst. Der Motor GE 8-FDL-16, der sich auch in vielen Güterzugloks findet, kommt auf eine Leistung von 3550 kW.

Bauart: Bo'Bo'
Baujahre: ab 1993
Leistung: 3550 kW
Länge über Puffer: 21.030 mm
Dienstmasse: 128 t
Stückzahl: 43

Baureihe 628.4

Zwischen 1992 und 1995 entstanden in Deutschland 304 neue Triebzüge, die zahlreiche Rekorde brachen. Die Baureihe 628.4 war der bis dahin leistungsstärkste und längste Triebwagen. Er fuhr durch ganz Deutschland und brachte viele lokbespannte Züge aufs Abstellgleis. Auch im Hinblick auf die Sicherheit punktete der Triebzug: Unterhalb der Puffer wurde ein Unterfahrschutz eingebaut, sodass Straßenfahrzeuge nicht mehr eingeklemmt oder überrollt werden können. Bemerkenswert sind auch seine doppelflügeligen Schwenkschiebetüren.

Bauart: 2'B'+2'2'dh
Baujahre: 1992–1995
Leistung: 485 kW
Länge über Puffer: 46.150 mm
Dienstmasse: 70,4 t
Stückzahl: 304

C44-9W (GE)

Aus dem Hause General Electric stammt auch die C44-9W, ein Mitglied der Dash-9-Serie. Verglichen mit dem Vorgänger der Dash-8-Serie hat sie einen verlängerten Lokkasten sowie einen von 1900 kW auf 3700 kW gesteigerten Motor. Das Sicherheits-Führerhaus sowie das dreiachsige Drehgestell gehen dagegen auf den Vorgänger C44-8W zurück.

Bauart: Co'Co'
Baujahre: 1993–1994
Leistung: 3700 kW
Länge über Puffer: 22.850 mm
Dienstmasse: 191 t

F59PHI (EMD)

Bis 1995 stellte die amerikanische Eisenbahngesellschaft Amtrak California 19 formschöne Lokomotiven für den Personenverkehr in Dienst. Mit einer Höchstgeschwindigkeit von 166 km/h fegten die neuen Lokomotiven ihre Vorgänger, die F40PH, von den Schienen. Mit wohlklingenden Namen wie „Metrolink" oder „Capitol" befahren die Lokomotiven die Strecken an der Pazifikküste sowie die Strecke Oakland–Sacramento.

Bauart: Bo'Bo'
Baujahre: 1994–1995 (Amtrak)
Leistung: 2500 kW
Länge über Puffer: 17.730 mm
Dienstmasse: 122 t
Stückzahl: 19 (Amtrak)

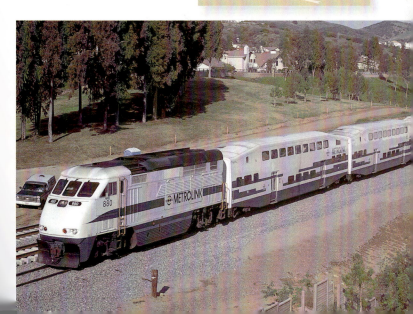

DIESELLOKOMOTIVEN

G 1200 BB

Die erfolgreichen Lokomotiven der Baureihe G-1200 sind eine Gemeinschaftsarbeit der Hersteller MaK und Vossloh. Sowohl im schweren Rangierdienst als auch vor schwersten Güterzügen sind die Lokomotiven im Einsatz. Dabei fahren sie nicht nur für die Deutsche Bundesbahn, sondern auch im Auftrag einiger NE-Bahnen, wie der Dortmunder Eisenbahn, der Westfälischen Landesbahn und der Norddeutschen Eisenbahn.

Bauart: B'B'dh
Baujahre: ab 1997
Leistung: 1500 kW
Länge über Puffer: 14.700 mm
Dienstmasse: 87,3 t

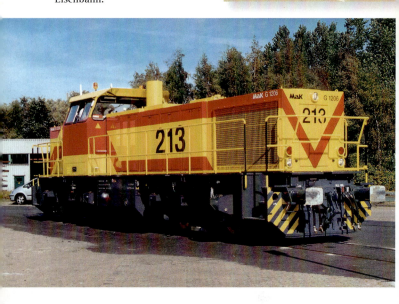

Baureihe 643

Für ihren Nahverkehr in Nordrhein-Westfalen und in Rheinland-Pfalz beschaffte die Deutsche Bundesbahn im ausgehenden Jahrtausend 75 dreiteilige Triebzüge, die einst zum „Talent"-Projekt von Talbot gehörten und auf Initiative des Verbandes Deutscher Verkehrsunternehmen VDV entstanden waren. Sie sind auf eine Höchstgeschwindigkeit von 160 km/h ausgelegt und erinnern in ihrer Stromlinienform an die superschnellen Fernverkehrszüge.

Bauart: B'2'2'B'dm
Baujahr: 1999
Leistung: 630 kW
Länge über Puffer: 43.860 mm
Dienstmasse: 96 t
Stückzahl: 75

DIESELLOKOMOTIVEN

Desiro

In Dänemark waren private Bahnbetreiber auch schon vor der Liberalisierung des europäischen Schienenverkehrs keine Seltenheit. Heute gibt es erst recht zahlreiche Privatbahnen und eine entsprechende Vielfalt an Lokomotiven. Eine von ihnen ist der „Desiro", eigentlich Baureihe 642. Solide und zuverlässig, versieht er seit 1999 seinen Dienst in Dänemark.

Bauart: B'(2)B'
Baujahre: ab 1999
Leistung: 550 kW
Länge: 41.700 mm
Dienstmasse: 86 t

Serie 41

Die 96 Lokomotiven der Serie 41 sind die alleinigen Träger des Reisezugverkehrs auf den nicht elektrifizierten Strecken Belgiens. Die Zweiwagenzüge wurden um die Jahrtausendwende beim spanischen Hersteller Alstom gefertigt und sind mit einer hydraulischen Kraftübertragung ausgestattet. Mit einer Höchstgeschwindigkeit von 120 km/h werden sie in langen Verbänden als Interregiozüge auf der Strecke Antwerpen–Neerpelt sowie im Nahverkehr um Gent eingesetzt.

Bauart: 2'Bo'dh + Bo'2'dh
Baujahre: 1999–2004
Leistung: 970 kW
Länge über Puffer: 2 x 24.800 mm
Dienstmasse: 95,7 t
Stückzahl: 96

Baureihe 648

Der **LINT 41 von Alstom** ist ein zweiteiliger Triebwagen mit jeweils einem Drehgestell an den Enden und einem gemeinsamen Jakobs-Drehgestell in der Mitte. Die Fahrzeuge haben vier Außentüren, eine Sanitärzelle sowie einen Traglastenbereich. Bei einigen Gesellschaften sind die Fahrzeuge auch mit Fahrscheinautomaten ausgestattet. Neben der DB verfügen auch zahlreiche Privatbahnen in Deutschland und einige europäische Nachbarbahnen über diese Züge.

Bauart: B'2'B'
Baujahr: ab 2000
Leistung: 630 kW
Länge über Puffer: 41.810 mm
Dienstmasse: 63,5 t
Stückzahl: mehr als 80 Züge für DB Regio

DIESELLOKOMOTIVEN

Baureihe 264

2006 präsentierte die Firma Voith Turbo erstmals ihre Lokfamilie „MAXIMA", mit der der Beweis angetreten werden konnte, dass wirtschaftliche dieselhydraulische Lokomotiven auch in der oberen Leistungsklasse herzustellen sind. Nach einem ausgiebigen Erprobungs- und Zulassungsverfahren wurden die ersten Exemplare im Frühjahr 2009 an verschiedene Leasinggesellschaften und Privatbahnen ausgeliefert und im Streckendienst eingesetzt.

Bauart: C'C'
Baujahre: ab 2006
Leistung: 3600 kW
Länge über Puffer: 23.200 mm
Dienstmasse: 126 t
Stückzahl: 5

Elektrolokomotiven und Triebwagen

ELEKTROLOKOMOTIVEN

169 002/003 (E 69 002/003, LAG 2/3)

Weil sich die E 69 01 auf der Strecke Murnau–Oberammergau bewährt hatte, bestellte die Privatgesellschaft, die den Streckenabschnitt bediente, zwei weitere einfache und unkomplizierte Maschinen. Mit 84 t im Schlepptau bewältigte sie die 30-‰-Steigung immerhin mit 23 km/h. Nach diversen Umrüstungen und Modernisierungen befuhren beide Loks jahrzehntelang diese Strecke und rollten erst 1982 aufs Abstellgleis.

Bauart: Bo
Baujahre: 1909, 1913
Leistung: 252 kW
Länge über Puffer: 7350 mm
Dienstmasse: 24 t
Stückzahl: 2

Baureihe E 62 (bay. EP 3/5)

Weitsicht bewiesen die Bayern schon 1913. Die neu eröffnete Mittenwaldbahn, die die Strecke Garmisch-Partenkirchen–Innsbruck bediente, war gleich zu Beginn elektrifiziert worden. Auf dieser Strecke verkehrten die fünf Loks der Baureihe anstandslos bis 1955, als die letzte Maschine ausgemustert wurde.

Bauart: 1'C1'
Baujahr: 1913
Leistung: 710 kW
Länge über Puffer: 12.400 mm
Dienstmasse: 72,5 t
Stückzahl: 5

ELEKTROLOKOMOTIVEN

Ge 4/6 353 RhB

Noch ein Museumsstück: Die 1914 gebaute Stangenlok, die jahrzehntelang die Albula-Linie in der Schweiz befuhr, ist heute das Schmuckstück der Rhätischen Bahn. Immerhin schaffte es die einfache, aber robuste Lok, die Dampfloks auf dieser Strecke zu verdrängen.

Bauart: 1B1
Baujahr: 1914
Leistung: 588 kW
Dienstmasse: 43,6 t

Ce 6/8 II

In der Schweiz hatte man die Vorteile der Elektrifizierung schon früh entdeckt. Zu Beginn der 1920er-Jahre waren die wichtigsten Strecken bereits elektrifiziert, so auch die Abschnitte um den St. Gotthard. Der Güterverkehr wurde mithilfe dieser Maschinen abgewickelt, die wegen ihres Aussehens und ihrer Laufeigenschaften den Spitznamen „Krokodil" erhielten. Die Antriebstechnik über Blindwelle und Dreieckstange war zukunftsweisend, und so hatte das „Krokodil" in späteren Jahrzehnten viele Nachbauten zur Folge.

Bauart: (1'C)(C1')
Baujahre: 1920–1922
Leistung: 1650 kW
Länge über Puffer: 19.460 mm
Dienstmasse: 128 t
Stückzahl: 33

Ge 6/6 RhB

In Österreich wurden die Strecken derweil von Reptilien beherrscht. Die „Krokodile" auf den Gotthard-Strecken hatten sich so bewährt, dass die Bauart nun auch auf anderen österreichischen Abschnitten zum Einsatz kam. Dazu gehörte auch die Reihe Ge 6/6 – Schmalspurloks mit Triebdrehgestell und beweglich montierten Vorbauten. Im Mittelteil waren Führerstand, Haupttransformator und die Hilfsbetriebe untergebracht.

Bauart: C'C'
Baujahre: 1921–1929
Leistung: 790 kW
Länge über Puffer: 13.300 mm
Dienstmasse: 66 t
Stückzahl: 15

ELEKTROLOKOMOTIVEN 223

Reihe 1089 (1100)/1189

Der Siegeszug der „Krokodile" in Österreich war unwiderruflich. Immer neue Nachfolgemodelle, die auf der legendären Ce 6/8 II beruhten, befuhren auf den schwierigen Gebirgsstrecken die Gleise. Von den sieben Maschinen dieser Reihe ist überliefert, dass man sie in Eisenbahnerkreisen „Tatzelwurm" genannt haben soll.

Bauart: (1'C)(C1')
Baujahre: 1923–1924
Leistung: 1800 kW
Länge über Puffer: 20.350 mm
Dienstmasse: 115,6 t
Stückzahl: 7

ELEKTROLOKOMOTIVEN

Serie M

Estland hatte schon bei den Dampflokomotiven eine Vorreiterrolle sowohl in der Entwicklung als auch im Einsatz gespielt. Auch was die Elektrotraktion angeht, kann das Land für sich beanspruchen, die ersten Loks im Baltikum im Einsatz gehabt zu haben. Ab 1924 befuhren die vier Maschinen der Serie M das estnische Breitspurnetz. Ihr Ende ist nicht geklärt; man weiß nur, dass sie in den Kriegswirren nach Russland überführt wurden.

Bauart: Bo'Bo'
Baujahre: 1924–1927
Leistung: 210 kW
Dienstmasse: 50–55 t
Stückzahl: 4

ELEKTROLOKOMOTIVEN | 225

Baureihe 116 (E 16, bay. ES 1)

Selten genug, dass deutsche Konstrukteure sich von Schweizer Ingenieurstechnik inspirieren ließen, aber bei den 21 Maschinen dieser Baureihe war dies der Fall. Der bei der Ae 3/6 l bewährte Buchli-Antrieb wurde auch bei diesen Schnellzugloks mit Einzelachsantrieb übernommen. Offensichtlich überzeugte die eidgenössische Technik recht lange, denn die Bundesbahn sonderte erst 1979 die letzte Maschine aus.

Bauart: 1'Do1'
Baujahre: 1926–1933
Leistung: 2340/2580 kW
Länge über Puffer: 16.300 mm
Dienstmasse: 110,8 t
Stückzahl: 21

ELEKTROLOKOMOTIVEN

Du 2 SJ

Dampflokomotivenfreunde werden es betrüblich aufgenommen haben, dass auch in den klassischen Dampfmaschinenländern ab Mitte der 1920er-Jahre die Elektrifizierung immer weiter fortschritt. Das galt auch für Schweden, die mit der Du 2 SJ den Grundstein für die Ausstattung ihrer Strecken legte. Fast die Hälfte aller Maschinen wurde zwischen 1967 und 1976 umgebaut und rollte letztlich erst in den 1980er-Jahren aufs Abstellgleis.

Bauart: 1'C1'
Baujahre: 1925–1943 (Umbau 1967)
Leistung: 1840 kW
Länge über Puffer: 13.000 mm
Dienstmasse: 80,4 t
Stückzahl: 161 (Umbau)

Be/Ce 6/8 III

Vom Design her immer noch reptiliengleich, änderten sich bei den Nachfolgemodellen des Gotthard-Krokodils nicht nur technische Merkmale. Ein Schrägstangenantrieb löste den Antrieb mit Dreieckstange und Blindwelle ab, zusätzliche Lüfter und modifizierte Dachaufbauten waren notwendig, um die Leistungsfähigkeit der Maschine zu gewährleisten.

Bauart: (1'C)(C1')
Baujahre: 1926–1927
Leistung: 1800 kW
Länge über Puffer: 20.060 mm
Dienstmasse: 131 t
Stückzahl: 18

ELEKTROLOKOMOTIVEN

Reihe 1045 (1170)

Technisch waren die ab 1927 gebauten Lokomotiven auf dem modernsten Stand: voll abgefederte im Drehgestell untergebrachte Motoren, ein Sécheron-Hohlwellenfederantrieb und Einzelmotoren mit 285 kW Leistung. Ursprünglich auf der Mittenwaldbahn und der Salzkammergutbahn gingen die Maschinen nach der Annexion Österreichs in deutschen Besitz über, fuhren nach dem Zweiten Weltkrieg aber wieder bis 1994 im Auftrag der Österreichischen Bundesbahnen.

Bauart: Bo'Bo'
Baujahr: 1927
Leistung: 1140 kW
Länge über Puffer: 10.400 mm
Dienstmasse: 60 t
Stückzahl: 14

ELEKTROLOKOMOTIVEN

Reihe 1670

Um die Zugkraft auf Bergstrecken mit höheren Geschwindigkeiten im Flachland zu kombinieren, beschafften die Bundesbahnen Österreichs 1928 insgesamt 34 Maschinen dieser neuen Baureihe. Die Doppelmotoren, die auf ein Kegelradgetriebe wirkten, welches das Drehmoment über eine im Hauptrahmen gelagerte Hohlwelle an die Achsen weitergab, war zwar anfangs sehr wartungsanfällig, nach einer Modifikation aber zeigten sich die Maschinen sehr zuverlässig, wenn auch die Laufruhe einiges zu wünschen übrig ließ.

Bauart: (1A)'Bo(A1)'
Baujahre: 1928–1932
Leistung: 2350 kW
Länge über Puffer: 14.460 mm
Dienstmasse: 106 t
Stückzahl: 34

ELEKTROLOKOMOTIVEN

Ae 8/14 11801

Letztendlich war dieser Einzelgänger eine Kombination aus zwei Rücken an Rücken gekuppelter Ae 4/7, wobei allerdings der Führerstand der zweiten Lok entfiel. Die Schweizerischen Bundesbahnen wollten mit diesem Prinzip schlichtweg Geld sparen, denn im Gegensatz zu Einzelloks in Mehrfachtraktion brauchte die Doppellok weniger Personal. Die Maschine blieb jedoch ein Einzelstück und steht heute im Museum.

Bauart: (1'A)A1A(A1') + (1'A)A1A(A1')
Baujahr: 1931
Leistung: 5400 kW
Länge über Puffer: 34.000 mm
Dienstmasse: 246 t
Stückzahl: 1

Baureihe 104 (E 04, 204 DR)

In den 1930er-Jahren wurde das Tempo schneller – auch auf den Gleisen. Für den Schnellzugverkehr bestellte die Reichsbahn 23 Maschinen, die in Versuchen über 150 km/h auf die Schienen brachte. Die robusten Maschinen waren in der DDR bis 1977 und in Westdeutschland bis 1981 im Einsatz.

Bauart: 1'Co1'
Baujahre: 1932–1935
Leistung: 2190 kW
Länge über Puffer: 15.120 mm
Dienstmasse: 92 t
Stückzahl: 23

GG1 (Pennsylvania Railroad)

In den Vereinigten Staaten setzte man in den 1930er-Jahren noch ganz auf Dampf- und bestenfalls auf Diesellokomotiven. Darum blieb die GG1 lange Zeit die einzige wirklich bedeutende Elektrolokomotive in den USA. Entwickelt wurden die 88 Maschinen von General Electric/Westinghouse; ihr Einsatzgebiet waren die Strecken der Pennsylvania Railroad an der Ostküste. In späteren Jahren auch von der Amtrak vor Personen- und Güterzüge gespannt, war sie kurz vor ihrer Ausmusterung im Vorortverkehr von New Jersey im Dienst.

Bauart: 2'Co+Co2'
Baujahre: 1934–1943
Leistung: 3375 kW
Länge über Puffer: 23.232 mm
Dienstmasse: 200,7–235 t
Stückzahl: 88

ET 11

Ein Prestigeprojekt für die Reichsbahn ebenso wie für das NS-Regime war die durchgehende Elektrifizierung der Strecke Berlin–Leipzig–München. Weil auf schnellen Strecken aber auch schnelle Züge fahren müssen, wurden drei Baumuster von Treibzügen geordert, die aber letztlich nicht überzeugen konnten. Auf der für sie vorgesehen Strecke kamen sie darüber hinaus erst einmal nicht zum Einsatz, weil sich die Pläne zur Elektrifizierung der Strecke verzögerten.

Bauart: Bo'2'+2'Bo'
Baujahre: 1935
Leistung: 1020–1413 kW
Länge über Puffer: 43.585 mm
Dienstmasse: 104–115,1 t
Stückzahl: 3

ELEKTROLOKOMOTIVEN

Reihe 1245 (1170.200)

In Österreich suchte man derweil nach einem leistungsstarken Nachfolgemodell für die Baureihe 1145. Die 41 Maschinen der Reihe 1245 wurden, sowohl was den Antrieb als auch was die Steuerung angeht, komplett überarbeitet und auf den modernsten Stand gebracht. Bis zum Zweiten Weltkrieg befuhren sie die Tauernbahn, obwohl sie eigentlich für die Westbahn-Strecke konzipiert worden war. Nach dem Krieg bewältigte sie zusammen mit den Loks der 1020er-Reihe den Großteil des elektrischen Schienenverkehrs.

Bauart: Bo'Bo'
Baujahre: 1934–1940
Leistung: 1840 kW
Länge über Puffer: 12.920 mm
Dienstmasse: 83,5 t
Stückzahl: 41

ELEKTROLOKOMOTIVEN

Baureihe 118 (E 18, 218 DR)

Mit der Geschwindigkeit von über 150 km/h hatten die Spitzenloks der Baureihe 104 eine Marke gesetzt, die die Reichsbahn im Schnellzugverkehr nicht mehr unterbieten wollte. Auf Basis der Baureihe 117 (Antrieb) sowie der Baureihe 104 (Elektrik) entstanden 53 robuste Maschinen, die auch für das Personal Vorteile brachte, weil der Lokführer wegen des motorbetriebenen Schaltwerks kaum noch körperlich schwere Tätigkeiten ausüben musste. Für die Bundesbahn fuhren die Maschinen bis 1984.

Bauart: 1'Do1'
Baujahre: 1935–1940
Leistung: 3040 kW
Länge über Puffer: 16.920 mm
Dienstmasse: 108,5 t
Stückzahl: 53

ELEKTROLOKOMOTIVEN

Baureihe 491 (ET 91)

Es wurden lediglich zwei Triebwagen dieses Typs gebaut. Der erste wurde 1943 bei einem Bombenangriff zerstört, der zweite kam bei einem Unfall im Jahr 1955 von den Gleisen. Mit den großflächigen Fenstern an Seiten und Dach waren die Triebwagen für den Ausflugsverkehr konzipiert und befuhren alle Strecken Deutschlands.

Bauart: Bo'2'
Baujahre: 1935–1936
Leistung: 390 kW
Länge über Puffer: 20.600 mm
Dienstmasse: 45,4 t
Stückzahl: 2

Baureihe 119.1 (E 19.1)

Im deutschen Schnellzugverkehr hatte sich inzwischen die Baureihe 118 bewährt, dennoch tüftelten die deutschen Lokomotivenhersteller an einer Verbesserung in Form von Leistungsstärke und Geschwindigkeit. Die beiden von Siemens und Henschel entwickelten Maschinen gewährleisteten zumindest Ersteres, denn mit einer Normalleistung von 4080 kW und einer Spitzenleistung von 5700 kW waren die beiden Maschinen knapp 2000 kW stärker als das Basismodell.

Bauart: 1'Do1'
Baujahr: 1940
Leistung: 4080 kW
Länge über Puffer: 16.920 mm
Dienstmasse: 110,7 t
Stückzahl: 2

ELEKTROLOKOMOTIVEN

Baureihe 194 (E 94, 254 DR)

Eine Lokomotive als „Eisenschwein" zu titulieren, mag recht despektierlich sein, für diese 173 Maschinen aber war es Ausdruck höchsten eisenbahnerischen Respekts. Immerhin gilt die Baureihe als eine der gelungensten deutschen Zugentwicklungen. Unterstrichen wird diese Auffassung dadurch, dass die Maschinen bis 1988 im Plandienst der Bundesbahn unterwegs waren und einige Maschinen noch heute im Braunkohletagebau zu finden sind.

Bauart: Co'Co'
Baujahre: 1940–1956
Leistung: 3300 kW
Länge über Puffer: 18.600 mm
Dienstmasse: 118,7 t
Stückzahl: 173

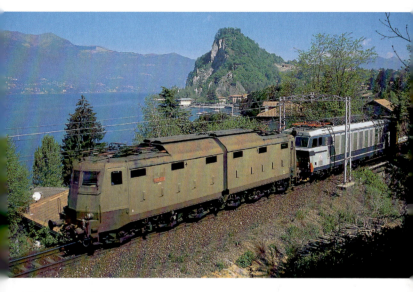

Reihe E 636

Auch in Italien wuchs der Bedarf an Maschinen für den Güterverkehr. Dahinter mag auch die Planung gestanden haben, dass in dem sich abzeichnenden Krieg auch in Italien Unmengen an Transportmaterial, Truppen und Munition befördert werden mussten. Die Neuentwicklung war eine sechsachsige Konstruktion mit drei zweiachsigen Drehgestellen. Der Lokkasten war geteilt und mit einem Horizontalgelenk ausgestattet. 459 Exemplare der Reihe gingen in die Fertigung.

Bauart: Bo'Bo'Bo'
Baujahre: 1940–1962
Leistung: 2100 kW
Länge über Puffer: 18.250 mm
Dienstmasse: 101 t
Stückzahl: 459

Be 6/8 II

Die Gotthardstrecke mit einer 27-‰-Rampe war für Schweizer Züge immer eine Herausforderung. Zwar gab es zu Beginn der 1940er-Jahre genügend Lokomotiven, die den Abschnitt bewältigen konnten, aber eben nicht schnell genug. Die Aufrüstung von 13 Loks der CE 6/8 II-Serie mit leistungsstärkeren Motoren brachte immerhin 75 anstatt 65 km/h Höchstgeschwindigkeit. Das reichte aus, um der Lok den Spitznamen „Renn-Krokodil" zu verpassen.

Bauart: (1'C)(C1')
Baujahre: 1942–1947
Leistung: 2700 kW
Länge über Puffer: 19.460 mm
Dienstmasse: 126 t
Stückzahl: 13

ELEKTROLOKOMOTIVEN

Ge 4/4 I RhB

Auch die Rhätische Bahn sprang auf den laufachslosen Zug auf, waren doch nach dem Zweiten Weltkrieg nicht mehr viele Maschinen übrig geblieben, die den Ansprüchen der Nachkriegszeit genügt hätten. Das Extra: Die Ge 4/4 wurde erstmals mit Rekuperationsbremse ausgestattet. Zwar mehrfach modernisiert, sind zahlreiche Maschinen noch heute unterwegs.

Bauart: B'B'
Baujahre: 1947–1953
Leistung: 1176 kW
Länge über Puffer: 12.120 mm
Dienstmasse: 47 t
Stückzahl: 10

Reihe ALe 840

73 Maschinen bewältigten auf den italienischen Strecken in Kombination des Triebwagens Ale 840 mit den Beiwagen der Serie Le840 den Personenverkehr Ende der 1940er-Jahre. Obwohl mit 600 kW nicht die stärkste Maschine, legte die Lok 150 km/h Höchstgeschwindigkeit auf die Gleise.

Bauart: Bo'Bo'
Baujahre: 1949–1954
Leistung: 600 kW
Länge über Puffer: 20.000 mm
Dienstmasse: 58 t
Stückzahl: 73

Serie 1110

Auch in den Niederlanden führte die gestiegene Mobilität zur Entwicklung einer neuen Serie, auch um die Hinterlandanbindung an den Seehafen Rotterdam zu gewährleisten. Die Serie 1110 gleicht weitgehend der französischen Serie 8100, wurde aber Ende der 1970er-Jahre modifiziert. Typisches Erkennungszeichen war jetzt die im Vorbau angebrachte Nase.

Bauart: Bo'Bo'
Baujahre: 1950–1956
Leistung: 2580 kW
Länge über Puffer: 12.980 mm
Dienstmasse: 83 t
Stückzahl: 60

ELEKTROLOKOMOTIVEN

Serie 1200

Dass diese niederländischen Loks irgendetwas mit Amerika zu tun haben, sieht man schon an der außergewöhnlich typischen amerikanischen Form. In der Tat entstanden die 25 Lokomotiven unter Mithilfe der USA, die im Rahmen des Marshall-Plans dem zerstörten Europa unter die Arme griff. Baldwin stellte das Drehgestell, die elektrischen Komponenten kamen von Westinghouse. Die in den Niederlanden äußerst beliebten Relikte sieht man noch heute auf der Privatbahn ACTS vor Güterzügen.

Bauart: Co'Co'
Baujahre: 1951–1953
Leistung: 2208 kW
Länge über Puffer: 18.086 mm
Dienstmasse: 108 t
Stückzahl: 25

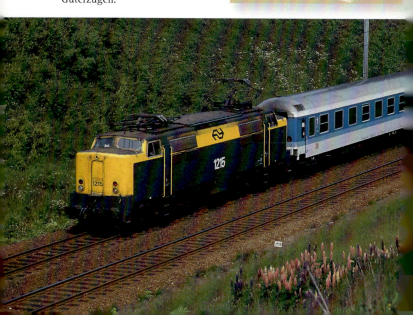

Baureihe WL 8

Die Doppellokomotiven wurden ab 1953 in großer Stückzahl gebaut. Mit einer Leistung von 3760 kW befuhren über 1700 Maschinen das sowjetische Streckennetz – im Personen- wie gleichermaßen im Güterdienst.

Bauart: Bo'Bo'x2
Baujahre: ab 1953
Leistung: 3760 kW
Stückzahl: 1723

Dm, Dm 3 der SJ

Regelrechte Riesen waren auch die in Schweden auf der Strecke Luleå–Narvik eingesetzten Doppellokomotiven. Sie lösten nach und nach die auf diesem Abschnitt in Dienst gestellten Loks ab. Ab 1960 stellte man auf Dreiereinheiten um: Zwischen zwei Dm wurde eine führerstandslose, vierachsige Stangenlok Dm 3 integriert. In dieser Kombination kann man einige dieser Giganten noch heute in Schweden sehen.

Bauart: 1'D + D1'/1'D + D + D1'
Baujahre: 1953–1971
Leistung: 4800/7200 kW
Länge über Puffer: 25.100/35.250 mm
Dienstmasse: 190/273 t
Stückzahl: 39 (Doppeleinheiten)

Ae 6/6 Serienausführung

Um Reise- oder Güterzüge über den Gotthard zu schleppen, benötigten die Schweizer Bahnbetriebe spezielle Lokomotiven, deren äußere Achsen im Drehgestell seitlich verschiebbar waren, um die engen Bögen auf den Rampenstrecken bewältigen zu können. Außerdem wurden beim Bau der Ae 6/6 vier Tonnen Masse eingespart, wodurch sich die Lokomotiven laufruhiger verhielten. Im hochalpinen Einsatz wurden sie später durch die Re 4/4 abgelöst, die höhere Bogengeschwindigkeiten erreichte. Die Lokomotiven versehen ihren Dienst heute nur noch im Schweizer Mittelland und im Jura.

Bauart: Co'Co'
Baujahre: 1955–1966
Leistung: 4300 kW
Länge über Puffer: 18.400 mm
Dienstmasse: 120 t
Stückzahl: 118

ELEKTROLOKOMOTIVEN

Serie 22/23

Schnell waren beide Serien, und genau dafür waren sie auch angeschafft worden. Die Serie 23 war zwar etwas schwerer, dafür aber kompatibel mit der Vielfachsteuerung der später entwickelten Serie 26. Vor allem in Doppeltraktion sieht man diese Züge heute noch auf dem belgischen Streckennetz vor Güterzügen.

Bauart: Bo'Bo'
Baujahre: 1953–1957
Leistung: 1880 kW
Länge über Puffer: 18.000 mm
Dienstmasse: 87 t (22), 93 t (23)
Stückzahl: 50 + 83 = 133

ELEKTROLOKOMOTIVEN

Reihe 1110

Die Alpenregionen Österreichs stellen andere Anforderungen an eine Lokomotive als die Strecken im Flachland. Ende der 1950er-Jahre wurden daher 30 Lokomotiven der Reihe 1110 in Dienst gestellt. Es handelte sich um eine Variante der 1010, die zwar nur eine Höchstgeschwindigkeit von 100 km/h erreichte, aber dank einer stärkeren Zugkraft die Rampen leichter bewältigte. Sie war in ganz Österreich unterwegs und fuhr bis zum Jahr 2002 auch den deutschen Bahnhof Nürnberg an.

Bauart: Co'Co'
Baujahre: 1956–1962
Leistung: 4000 kW
Länge über Puffer: 17.860 mm
Dienstmasse: 106 t
Stückzahl: 30

ELEKTROLOKOMOTIVEN

Baureihe 141 (E 41 DB)

Seit Mitte der 1950er-Jahre stellte die Bundesbahn 451 Elektrolokomotiven der Baureihe 141 in Dienst. Sie waren für den Nahverkehr bestimmt und erstmals mit einem Niederspannungsschaltwerk ausgestattet. Sämtliche Vorgänger waren noch mit einem Hochspannungsschaltwerk ausgestattet. Die 141 war auf allen elektrifizierten Strecken in Deutschland unterwegs und wurde vor allem im Wendezugdienst eingesetzt. Erst in den 1980er-Jahren begannen modernere Lokomotiven ihr die Show zu stehlen.

Bauart: Bo'Bo'
Baujahre: 1956–1971
Leistung: 2400 kW
Länge über Puffer: 15.620 mm
Dienstmasse: 66,4 t
Stückzahl: 451

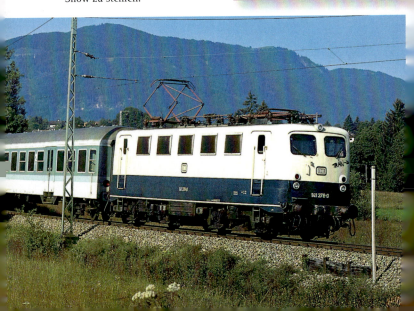

ELEKTROLOKOMOTIVEN

Serie AM 56

Von 1956 bis 1998 waren in Dänemark 21 Triebzüge der Serie AM 56 im Nah- und Regionalverkehr im Einsatz. Es handelte sich um zweiteilige Triebwagen, die es auf eine Leistung von 620 kW brachten. Einige der Triebwagen wurden nach amerikanischem Vorbild in Edelstahl gefertigt und nie lackiert. Sie waren etwas Besonderes, wenn auch nur in optischer Hinsicht.

Bauart: A1'1A' + A1'1A'
Baujahre: 1956–1957
Leistung: 620 kW
Länge über Puffer: 22.985 + 22.985 mm
Dienstmasse: 40 + 39 t
Stückzahl: 21

ELEKTROLOKOMOTIVEN

Baureihe Tsch S 2

Über 15 Jahre baute die Lokomotivenfabrik Skoda im tschechischen Pilsen die sechsachsigen Lokomotiven der Baureihe Tsch S 2. Insgesamt wurden 942 dieser Reisezuglokomotiven für das Gleichstromnetz in der damaligen Sowjetunion mit einer Spannung von 3000 V in Dienst gestellt.

Bauart: Co'Co'
Baujahre: 1958–1973
Leistung: 4200 kW
Länge über Puffer: 18.920 mm
Dienstmasse: 125 t
Stückzahl: 942

ELEKTROLOKOMOTIVEN

Serie ER 1

Ab 1957 entstanden in den Waggonfabriken von Riga und Tveri 250 Züge, die anfangs aus fünf Motor-, drei Bei- und zwei Steuerwagen bestanden. In Estland kamen ab 1970 Sechswagengarnituren zum Einsatz. Später fuhren auch Einheiten mit vier Wagen. 1995 gehörten neun modernisierte Züge zum Bestand der Estnischen Eisenbahn. Die unterschiedlichen Modernisierungsvarianten erhielten die Bezeichnungen ER 2 und ER 12.

Bauart: Bo'Bo'
Baujahre: ab 1957
Leistung: 2000 kW
Länge über Puffer: 20.100 mm
Dienstmasse: 560 t

Baureihe 150 (E50DB)

Man schrieb das Jahr 1958, als Siemens begann, den neu entwickelten Gummiringfederantrieb zu Probezwecken einzubauen. Obwohl er sich schnell bewährte, entschied die Deutsche Bundesbahn, die Baureihe 150 mit einem Tatzlagerantrieb zu versehen. Erst in den folgenden Baujahren entstanden die schweren Güterzuglokomotiven mit einem Gummiringfederantrieb, der für ihre Aufgaben auch besser geeignet war. Die leistungsfähigen und zugkräftigen Maschinen schleppten schwerste Güter bis ins neue Jahrtausend, sollten aber das Jahr 2004 wegen Ausmusterung nicht mehr erleben.

Bauart: Co'Co'
Baujahre: 1958–1973
Leistung: 4500 kW
Länge über Puffer: 19.490 mm
Dienstmasse: 128
Stückzahl: 179

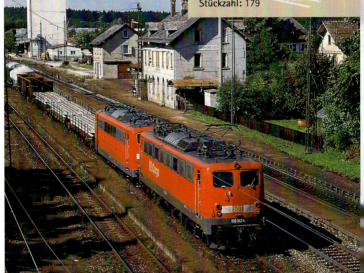

BB 16501 – 16794

Bis 1964 entstand die letzte Variante der französischen Lokomotivenfamilie 16000 in verschiedenen Bauserien von der BB 16501 bis zur BB 16794. Sie war kleiner, langsamer, leichter und aufgrund eines geringeren Achsstandes auch sehr viel wendiger als die bereits bekannten 16000er. Daher eignete sie sich vor allem für den leichteren Güterverkehr auf kurvenreichen Nebenstrecken.

Bauart: Bo'Bo'
Baujahre: 1958–1964
Leistung: 2580 kW
Länge über Puffer: 14.400 mm
Dienstmasse: 73/75 t
Stückzahl: 294

ELEKTROLOKOMOTIVEN

Serie 3600

Anfang der 1960er-Jahre nahmen 20 Lokomotiven der Serie 3600 ihren Dienst im Güterverkehr Luxemburgs auf. Die mit der französischen BB 12000 baugleichen Lokomotiven wurden bis zu ihrer Ausmusterung 2004 vor allem vor die Autoreisezüge auf der Nordbahn gespannt oder zogen die schweren Montan-Güterzüge im Süden von Luxemburg. Ihre Ablösung kam in Form der neuen Vossloh-Diesellokomotiven G 1206.

Bauart: Bo'Bo'
Baujahre: 1958–1959
Leistung: 2650 kW
Länge über Puffer: 15.200 mm
Dienstmasse: 84 t
Stückzahl: 20

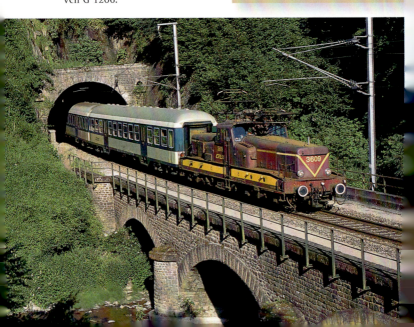

Ae 8/8 BLS

Die Schweiz hält auf Traditionen und zeigte dies auch in der ersten Hälfte der 1960er-Jahre, als die Schweizer Bahngesellschaft BLS eine zugkräftige Maschine für den schweren Güterverkehr benötigte. Sie verzichtete auf die modernen Vielfachsteuerungen und entwickelte die Ae 8/8 durch schlichtes Zusammenkuppeln von jeweils zwei bewährten Ae-4/4-Lokomotiven. Insgesamt wurde die Leistung um 500 kW erhöht. Die Idee war einfach und erfolgreich, denn weitere Lokomotiven dieser Art folgten. Sie sind noch heute im Dienst, auch wenn die Baureihe 465 ihnen zunehmend ihre Arbeitsplätze streitig macht.

Bauart: Bo'Bo' + Bo'Bo'
Baujahre: 1959–1966
Leistung: 6480 kW
Länge über Puffer: 30.230 mm
Dienstmasse: 160 t
Stückzahl: 5

ELEKTROLOKOMOTIVEN

Reihe 2043

Im österreichischen Jenbach entstanden zwischen 1961 und 1977 hochmoderne Zweisystemlokomotiven mit einem Voith-Getriebe, das auf einen BBC-Federantrieb wirkte. Leider war die Synchronisation der Wandler nicht ganz problemlos, sodass die Reihe 2043 tatsächlich mit einem herkömmlichen Antrieb in Serie ging. Der Zuverlässigkeit und Leistungskraft der Lokomotiven tat dies jedoch keinen Abbruch. Sie verkehren zwischen Tirol und Osttirol und erreichen über den Brenner auch Italien. Erst seit der Inbetriebnahme der Reihe 2016 ist ihr Ende in Sicht.

Bauart: B'B'dh
Baujahre: 1961–1977
Leistung: 1104 kW
Länge über Puffer: 14.760–15.760 mm
Dienstmasse: 67–68 t
Stückzahl: 77

ELEKTROLOKOMOTIVEN

Reihe E 646

In den 1960er-Jahren beschafften die italienischen Ferrovie Statali 205 neue Lokomotiven, deren Entwicklung aus der Reihe E 645 hervorgegangen war. Folgerichtig bezeichnete man sie als E 646. Durch eine andere Getriebeübersetzung erreichten die Lokomotiven nun eine Höchstgeschwindigkeit von 140 km/h, während ihre Vorgängerinnen um 20 km/h langsamer waren. Alle Lokomotiven werden noch heute als Wendezüge im Nahverkehr eingesetzt.

Bauart: Bo'Bo'Bo'
Baujahre: 1961–1967
Leistung: 3780 kW
Länge über Puffer: 18.290 mm
Dienstmasse: 110 t
Stückzahl: 205

Baureihe 113 (E 10.12, 112, 114 DB)

Die Reihe 113 entstand ab 1962 und sollte den „Rheingold" ersetzen, der nun für den TEE-Verkehr eingesetzt wurde. Auf der Suche nach einer Schnellzuglokomotive mit einer zugelassenen Höchstgeschwindigkeit von 160 km/h versuchte die Deutsche Bundesbahn zunächst, einige Lokomotiven der Reihe 110 durch eine andere Getriebeübersetzung aufzurüsten. Im Laufe der Jahre entwickelten sich daraus eigene Serien, die 112, die 113 und die 114. Heute werden die Schnellzuglokomotiven von einst vor deutsche Nahverkehrszüge gespannt.

Bauart: Bo'Bo'
Baujahre: 1962–1968
Leistung: 3700 kW
Länge über Puffer: 16.490 mm
Dienstmasse: 86 t
Stückzahl: 31

ELEKTROLOKOMOTIVEN

Baureihe WL 60

In nur sechs Jahren verließen 2612 Universallokomotiven des Typs WL 60 die Werkshallen der russischen Lokomotivenfabrik Nowotscherkassk. 1968 wurde die letzte Maschine gefertigt. Die Loks erreichen eine Höchstgeschwindigkeit von 100 km/h und bringen 138 t auf die Waage.

Bauart: Co'Co'
Baujahre: 1962–1968
Leistung: 4650 kW
Länge über Puffer: 20.800 mm
Dienstmasse: 138 t
Stückzahl: 2612

ELEKTROLOKOMOTIVEN

Reihe 15

1962 war das Geburtsjahr der Reihe 15, die in Belgien vor hochwertige Reisezüge gespannt wurde. Das Einsatzgebiet der fünf gefertigten Lokomotiven war die internationale Linie Paris–Brüssel–Amsterdam. Die Lokomotiven mussten also mit den unterschiedlichen Fahrdrähten zurechtkommen, ob sie nun Gleich- oder Wechselstrom führten. Heute sind in Belgien nur noch drei dieser Lokomotiven mit einer Höchstgeschwindigkeit von 160 km/h unterwegs, schleppen aber nur noch Nahverkehrszüge.

Bauart: Bo'Bo'
Baujahr: 1962
Leistung: 3780 kW
Länge über Puffer: 17.750 mm
Dienstmasse: 77,7 t
Stückzahl: 5

ELEKTROLOKOMOTIVEN

182 CD, ZSR

168 Maschinen aus dem Hause Skoda traten ab 1963 ihren Dienst für den tschechoslowakischen Güterverkehr an. Die Motoren erreichen unter 3000 V Gleichstrom eine Leistung von 3000 kW und eine Höchstgeschwindigkeit von 90 km/h. Als einstige Baureihe 669.2 erhielten sie später die Bezeichnung 182 CD.

Bauart: Co'Co'
Baujahre: ab 1963
Leistung: 3000 kW
Länge über Puffer: 18.800 mm
Dienstmasse: 120 t
Stückzahl: 168

ELEKTROLOKOMOTIVEN

Baureihe V 43 MÁV

Im Auftrag der ungarischen Bahngesellschaft MÁV fertigten die Lokomotivenwerke Ganz-MÁVAG 379 hochwertige Lokomotiven für den Personenverkehr, die als Baureihe V 43 MÀV noch heute auf allen mit 25kV/50 Hz elektrifizierten Strecken Ungarns unterwegs sind. Sie erreichen eine Höchstgeschwindigkeit von 130 km/h.

Bauart: B'B'
Baujahre: 1963–1982
Leistung: 2220 kW
Länge über Puffer: 15.700 mm
Dienstmasse: 80 t
Stückzahl: 379

Serie AM 62 – 79

Die Erfolgsgeschichte der zweiteiligen Triebwagen AM 62–79 begann 1962. 18 Jahre lang wurden die Triebzüge für den belgischen Nah- und Regionalverkehr gebaut. Sie können zu langen Einheiten gekuppelt werden und sind sogar mit den Wagen der Serie AM 75/76/77 kompatibel. Liebevoll nennen die Belgier die bis zu 140 km/h schnellen Züge „Tweedjes". Auch in Aachen sind sie bekannt, denn seit der Abschaffung der Schnellzüge zwischen Köln und Oostende bestreiten sie den Regionalverkehr zwischen Liège und Aachen.

Bauart: A1'1A' + A1'1A'
Baujahre: 1962–1980
Leistung: 620 kW (AM 62/63/65), 680 kW , (AM 66/70/73/74/78/79)
Länge über Puffer: 23.592 + 23.713 mm
Dienstmasse: 49 + 50 t (AM 62/63/65), 52 + 56 t (AM 66/70/73/74/78/79)
Stückzahl: 304

ELEKTROLOKOMOTIVEN

Baureihe 142 (E 42, 242 DR)

Über 13 Jahre wurde in der DDR ab 1963 eine Güterzuglokomotive gebaut, die aus der Schnellzuglok der Baureihe 109 hergeleitet wurde. Man änderte einfach die Übersetzung des Getriebes, womit die neue Güterlok 142 zwar langsamer, aber zugkräftiger war. So erreichte sie nur eine Höchstgeschwindigkeit von 100 km/h, aber eine Anfahrzugkraft von 245 kN.

Güterzüge mit einem Gewicht von bis zu 1900 t wurden von den Loks durch die gesamte DDR geschleppt. In den ersten zehn Jahren nach der Wiedervereinigung wurden alle Lokomotiven ausgemustert.

Bauart: Bo'Bo'
Baujahre: 1963–1976
Leistung: 2760/2920 kW
Länge über Puffer: 16.260 mm
Dienstmasse: 82,5 t
Stückzahl: 292

Baureihe WL 80

Die schweren russischen Güterzuglokomotiven der Baureihe WL 80 verkehrten nur in Doppeltraktion. Jede Maschine war mit vier angetriebenen Achsen ausgestattet, gemeinsam erreichten sie eine Leistung von zweimal 3160 kW. Nach 23 Jahren und 2164 gebauten Maschinen stellte das Werk in Nowotscherkassk die Fertigung der WL 80 ein, die noch heute im Wechselstromnetz Russlands ihren Dienst tut.

Bauart: Bo'Bo' + Bo'Bo'
Baujahre: 1963–1986
Leistung: 3160 + 3160 kW
Länge über Puffer: 16.420 + 16.420 mm
Dienstmasse: 92 + 92 t
Stückzahl: 2164

ELEKTROLOKOMOTIVEN

Reihe 1042

Enorme technische Fortschritte gelangen zu Beginn der 1960er-Jahre, und so konnten nun Lokomotiven mit vier Achsen dieselbe Leistung erbringen wie ihre sechsachsigen Vorgänger. Für die kurvenreichen Strecken in Österreich war dies besonders interessant, weil die Vierachser hier eine bessere Laufkultur aufwiesen. So beschafften die Österreichischen Bundesbahnen 60 Lokomotiven der Reihe 1042 für den Reise- und Güterverkehr.

Bauart: Bo'Bo'
Baujahre: 1963–1965
Leistung: 3560–4000 kW
Länge über Puffer: 16.220 mm
Dienstmasse: 83,9 t
Stückzahl: 60

ELEKTROLOKOMOTIVEN

ABe 4/4 II RhB

Die Schweizer Bahngesellschaft Rhätische Bahn stellte von 1964 bis 1972 neun Lokomotiven der Reihe ABe 4/4 II in Dienst. Die Loks waren für die Schmalspurbahnen am Bernina konzipiert und zeichneten sich durch hohen Reisekomfort, gute Federung und beeindruckende Laufruhe aus. Noch heute werden die Triebwagen vor Reise- und Güterzüge gespannt.

Bauart: Bo'Bo'
Baujahre: 1964–1972
Leistung: 680 kW
Länge über Puffer: 16.540–16.980 mm
Dienstmasse: 41–43 t
Stückzahl: 9

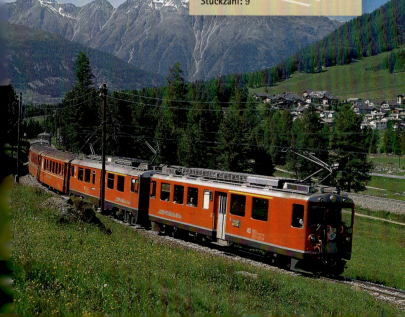

ELEKTROLOKOMOTIVEN

Reihe 4010

Bei dem als „Transalpin" bezeichneten Schnellzug, der zwischen Wien und Basel verkehrt, handelte es sich um die Reihe 4010. Die ersten der sechsteiligen Triebzüge entstanden 1964. Ihre elegant geformten Schnauzen bestanden anfangs noch aus Polyester, später wurde für den gesamten Zug Stahl verwendet. In den 1970er-Jahren wurde die Reihe mit einer zusätzlichen Vielfachsteuerung ausgestattet, sodass in Doppeltraktion längere Züge gebildet werden konnten. So fuhr der „Transalpin" seine Fahrgäste bis ins neue Jahrtausend durch Österreich und in die Schweiz.

Bauart: Bo'Bo'+2'2'+2'2'+2'2'+2'2'+2'2'
Baujahre: 1964–1978
Leistung: 2500 kW
Länge über Puffer: 149.100 mm
Dienstmasse: 283 t
Stückzahl: 29

ELEKTROLOKOMOTIVEN

230 CD, ZSR

Weil die tschechoslowakische Eisenbahn in den 1960er-Jahren ihr Netz von Gleichstrom auf 25 kV/50 Hz Wechselstrom umstellte, benötigte sie neue Lokomotiven. 1966 orderte man darum bei Skoda 110 Elektroloks mit einer zugelassenen Spitzengeschwindigkeit von 110 km/h.

Bauart: Bo'Bo'
Baujahre: ab 1966
Leistung: 3080 kW
Länge über Puffer: 16.440 mm
Dienstmasse: 85 t
Stückzahl: 110

560 CD, ZSR

Im gleichen Jahr wurden für den Nahverkehr 34 Triebwagen, 50 Zwischenwagen und zwei Steuerwagen angeschafft. Ebenfalls für Wechselstrom konzipiert, bestanden die Züge normalerweise aus zwei Endtriebwagen und drei nicht angetriebenen Mittelwagen.

Bauart: B'B'
Baujahre: 1966–1971
Leistung: 840 kW
Länge über Puffer: 24.500 mm
Dienstmasse: 64 t
Stückzahl: 34

Reihe 1042.5

In Österreich war man, was die Geschwindigkeit angeht, schon wesentlich schneller. Eine nochmalige Steigerung gab es mit der Reihe 1042.5. Dank einer modifizierten Übersetzung konnten die Maschinen, die auf der 130 km/h schnellen Reihe 1042 basierten, noch einmal 20 km/h drauflegen. Eingesetzt werden die 197 Maschinen bis heute auf Haupt- und Nebenstrecken sowohl im Personen- als auch im Güterverkehr.

Bauart: Bo'Bo'
Baujahre: 1966–1977
Leistung: 4000 kW
Länge über Puffer: 16.220 mm
Dienstmasse: 83,5 t
Stückzahl: 197

ELEKTROLOKOMOTIVEN

Serie 16

1966 war Belgien noch eine Insel – im bahntechnischen Sinn, denn mit dem 3-kV-Gleichstrom-Netz waren die Fahrdrähte zu den Niederlanden, Deutschland und Frankreich nicht kompatibel. Um dieses Problem zu umgehen, beschaffte die SNCB Viersystemloks, die nicht nur international einsetzbar, sondern mit 160 km/h zudem noch schnell waren.

Bauart: Bo'Bo'
Baujahr: 1966
Leistung: 2780 kW
Länge über Puffer: 16.650 mm
Dienstmasse: 83 t
Stückzahl: 8

Re 4/4 III

Was nutzt der theoretisch schnellste Zug, wenn er praktisch die Lasten nicht ziehen kann, die hinter ihn gespannt sind? Das sagten sich auch die Schweizerischen Bundesbahnen, modifizierten 26 Maschinen der Baureihe RE 4/4 II, die danach zwar 20 km/h langsamer war, dafür aber eine Zugkraft von 280 kN auf die Gleise legte. Damit war sie prädestiniert für die Gotthardlinie, und dort sind alle Loks auch heute noch im Einsatz.

Bauart: Bo'Bo'
Baujahre: 1967–1971
Leistung: 4700 kW
Länge über Puffer: 15.410 mm
Dienstmasse: 80 t
Stückzahl: 26

X 1 der SJ

Wer Ende der 1960er-, Anfang 1970er-Jahre in Stockholm S-Bahn gefahren ist, wurde mit höchster Wahrscheinlichkeit von einer X1 gezogen. Die Einheiten setzten sich aus den Triebwagen X1-A und den nicht motorisierten Steuerwagen X1-B zusammen. Auf diese Weise konnte man mit 120 km/h schnell aus der Hauptstadt aus- oder aus dem naheliegenden Umland einreisen.

Bauart: Bo'Bo' + 2'2'
Baujahre: 1967–1975
Leistung: 1120 kW
Länge über Puffer: 49.550 mm
Dienstmasse: 77,4 t
Stückzahl: 104

ELEKTROLOKOMOTIVEN

240 CD, ZSR

Zum ersten Mal verwendete man 1968 bei dieser Reihe bei Skoda neue Materialien wie glasfaserverstärkte Kunststoffe. Dass das der Geschwindigkeit keinen Abbruch tat, lässt sich daran erkennen, dass die die 120 ersten Modelle ab 1984 umgebaut wurden, sodass nun alle Maschinen der Baureihe für eine Höchstgeschwindigkeit von 120 km/h zugelassen waren.

Bauart: Bo'Bo'
Baujahre: 1968–1970
Leistung: 3200 kW
Länge über Puffer: 16.440 mm
Dienstmasse: 85 t
Stückzahl: 120

ELEKTROLOKOMOTIVEN

Reihe EU 07

Mit ähnlichen Geschwindigkeiten fuhr man auch in Polen. Mit 115 km/h hatte Pafawag 1968 an die Polnische Staatsbahn mehrfachtraktionsfähige Maschinen geliefert, die bis heute im Einsatz sind.

Bauart: Bo'Bo'
Baujahre: ab 1968
Leistung: 2080 kW
Länge über Puffer: 15.915 mm
Dienstmasse: 80 t

ELEKTROLOKOMOTIVEN

Baureihe 103.1 kurz

Schade eigentlich, dass die letzten Loks dieser Baureihe 2003 aufs Abstellgleis geschoben wurden, denn zu Beginn der 1970er-Jahre waren sie wesentlich für das positive Image der Deutschen Bundesbahn verantwortlich. Das mag nicht nur daran gelegen haben, dass die Baureihe durch ein modernes Design zu überzeugen wusste, sondern auch daran, dass Reisende mit bis zu 200 km/h im neu errichteten Intercityverkehr von Stadt zu Stadt gelangen konnten.

Bauart: Co'Co'
Baujahre: 1970–1972
Leistung: 7440 kW
Länge über Puffer: 19.500 mm
Dienstmasse: 114 t
Stückzahl: 115

ELEKTROLOKOMOTIVEN

Re 4/4 II, 2. Serie

Hatte sich die 1. Serie der Re 4/4 in der Schweiz seit 1964 zur Standardlok entwickelt, wurde diese Erfolgsgeschichte mit der 2. Serie fortgesetzt. Dabei unterschieden sich die neuen Maschinen in erster Linie dadurch, dass sie einen um 200 mm längeren Kasten bekamen und auf dem Dach nun statt eines Scherenpantografen zwei Einholmstromabnehmer trugen.

Bauart: Bo'Bo'
Baujahre: 1969–1985
Leistung: 4700 kW
Länge über Puffer: 15.410 mm
Dienstmasse: 80 t
Stückzahl: 122

Reihe BM/BFM 69

Nachdem die Standardlok BM 65 der Norwegischen Staatsbahnen schon 30 Jahre Laufzeit hinter sich hatte, sollte eine moderne Generation von Triebwagen den Nahverkehr auf den Strecken rund um die norwegische Hauptstadt Oslo bedienen. Die sieben mit einem Güterabteil ausgestatteten Loks erhielten die Zusatzbezeichnung M 69.

Bauart: Bo'Bo'
Baujahre: 1970–1993
Leistung: 1188 kW
Länge über Puffer: 24.850/25.062 mm
Dienstmasse: 53,5–64 t
Stückzahl: 51

ELEKTROLOKOMOTIVEN

Reihe E 444 R

Da in den 1970er-Jahren in Italien der Einsatz von Rekuperationsbremsen untersagt war, fuhren die 113 Maschinen dieser Baureihe mit einer konventionellen Widerstandsbremse. Mit bis zu 200 km/h waren sie im Gleichstromnetz sowohl im Güter- als auch im Personenverkehr im Einsatz.

Bauart: Bo'Bo'
Baujahre: 1970–1974
Leistung: 4020 kW
Länge über Puffer: 17.120 mm
Dienstmasse: 88 t
Stückzahl: 113

ELEKTROLOKOMOTIVEN

BB 15000

Basismodell für die BB 15000 war die CC 6500, die seit 1969 auf französischen Gleisen unterwegs war. Im Gegensatz zu dem Vorläufermodell hatte sie allerdings vier Achsen und nur einen Stromabnehmer. Mit 160 km/h schleppte sie vorrangig Personenzüge, kam aber auch im leichten Güterzugdienst zum Einsatz.

Bauart: B'B'
Baujahre: 1971–1978
Leistung: 4620 kW
Länge über Puffer: 17.480 mm
Dienstmasse: 90 t
Stückzahl: 65

ELEKTROLOKOMOTIVEN

Serie V 7

Für einen hohen Wiedererkennungswert auf niederländischen Gleisen sorgten die 40 gelb lackierten Triebwagen dieser Serie, zumal sie in diesem Design nicht nur als Elektro- sondern auch als Dieselloks gebaut wurden. Mit 140 km/h beförderten sie 24 Reisende der Ersten und 104 Reisende der Zweiten Klasse.

Bauart: 2'Bo' + Bo'2'
Baujahre: 1970–1972
Leistung: 752 kW
Länge über Puffer: 52.140 mm
Dienstmasse: 86 t
Stückzahl: 40

ELEKTROLOKOMOTIVEN

Re 6/6 Serienausführung

Nachdem sich 1972 auf der Gotthardstrecke die vier Versuchslokomotiven bewährt hatten, beauftragten die Schweizerischen Bundesbahnen die Serienproduktionen. 87 Maschinen wurden gebaut, wobei man aber im Gegensatz zu den Loks der Vorserie auf das horizontale Gelenk in der Lokkastenmitte verzichtete. Alle Maschinen sind bis heute im Einsatz.

Bauart: Bo'Bo'Bo'
Baujahre: 1972–1980
Leistung: 7900 kW
Länge über Puffer: 19.310 mm
Dienstmasse: 120 t
Stückzahl: 87

Baureihe 403

Heute kaum vorstellbar, gab es Mitte der 1970er-Jahre Züge, die nur Sitzplätze für die Erste Klasse vorgesehen hatten. Dazu gehörte auch die Baureihe 403, deren Maschinen mit 200 km/h Spitze die privilegierten Reisenden im Intercity-Verkehr schnell ans Ziel beförderten. Als bei der Bundesbahn 1979, sechs Jahre nach dem Baujahr des ersten Modells, wieder die Zweiklassengesellschaft eingeführt wurde, lohnte sich ein Umbau kaum noch. Die drei Wagen der Baureihe verkehrten zuerst im Charterbetrieb, danach als Lufthansa-Airport-Express und gehören heute zum Bestand der Prignitzer Eisenbahn.

Bauart: Bo'Bo'+Bo'Bo'+Bo'Bo'+Bo'Bo'
Baujahr: 1973
Leistung: 3840 kW
Länge über Puffer: 109.220 mm
Dienstmasse: 234 t
Stückzahl: 3

Baureihe 43

Grundlage für die 180 Maschinen, die die Rumänischen Eisenbahnen 1973 in einer großen Stückzahl von 180 Maschinen orderten, war die schwedische Rb sowie die jugoslawische Reihe 441. Produziert wurden die Loks letztendlich aber von dem Hersteller Rade Koncar in Zagreb, Kroatien. Ohne elektrische Bremse war sie für 120 km/h zugelassen, die Version mit elektrischer Bremse durfte 40 km/h schneller fahren.

Bauart: Bo'Bo'
Einsatz: ab 1973
Leistung: 3400 kW
Länge über Puffer: 15.470 mm
Dienstmasse: 80 t
Stückzahl: 180

ELEKTROLOKOMOTIVEN

350 ZSR

Zwar haben die Maschinen inzwischen 30 Jahre auf den Kranzrädern, sind aber immer noch der ganze Stolz der Slowakischen Eisenbahnen. Variabel einsetzbar bei 3000 V Gleichstrom oder 25 kV/50 Hz Wechselstrom wurden sie bei Skoda gebaut und sind im Plandienst mit 160 km/h im Einsatz, obwohl sie problemlos bis zu 20 km/h schneller fahren könnten.

Bauart: Bo'Bo'
Baujahre: 1974–1976
Leistung: 4200 kW
Länge über Puffer: 17.240 mm
Dienstmasse: 88 t
Stückzahl: 20

ELEKTROLOKOMOTIVEN

Baureihe 155 (250 DR)

Bis Mitte der 1970er-Jahre wuchs auch das Streckennetz der DDR, das mit den Loks der Baureihen 109 und 142 nicht mehr adäquat bedient werden konnte. Bei der Lokomotivbau Elektrische Werke in Hennigsdorf gab man darum die Neuentwicklung einer sechsachsige Maschine in Auftrag, die sowohl im Güterverkehr- als auch im Personenverkehr einsetzbar sein sollte. Nach der Wiedervereinigung fanden die 273 Exemplare aber nur noch im Güterverkehr Anwendung.

Bauart: Co'Co'
Baujahre: 1974–1984
Leistung: 5400 kW
Länge über Puffer: 19.600 mm
Dienstmasse: 123 t
Stückzahl: 273

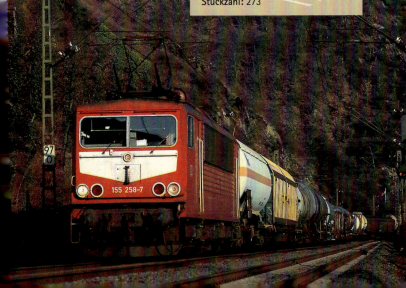

ELEKTROLOKOMOTIVEN

Reihe E 656

Die sechsachsigen Lokomotiven der italienischen Reihe E 656 befahren ausschließlich mit Gleichstrom elektrifizierte Strecken und ziehen dort sowohl Personen- wie Güterzüge. Während die ersten Serien für die Hilfsbetriebe einen Umformer mit 180 W Leistung besaßen, erhielt die letzte Serie zwei Umformer mit jeweils 120 W.

Bauart: Bo'Bo'Bo'
Baujahre: 1975-1987
Leistung: 4200 kW
Länge über Puffer: 13.250 mm
Dienstmasse: 120
Stückzahl: 400

Serie 20

Erst als der belgische Güterverkehr auf die Athus-Meuse-Linie konzentriert wurde, beendete die Serie 20 ihr Schattendasein. Bis dahin vorrangig in den Ardennen unterwegs, verlagerte sich ihr Einsatzgebiet auf den schnellen Reisezugverkehr der Hauptstrecke Montzen–Antwerpen, den sie mit 160 km/h Spitzengeschwindigkeit hervorragend bewältigte.

Bauart: Co'Co'
Baujahre: 1975–1977
Leistung: 5150 kW
Länge über Puffer: 19.500 mm
Dienstmasse: 110 t
Stückzahl: 25

ELEKTROLOKOMOTIVEN

Baureihe ETR 400

Was die Neigetechnik angeht, war Italien schon Mitte der 1970er-Jahre führend. Mit der Baureihe ETR 400 war der erste sogenannte Pendolino am Start, der mit 250 km/h nicht nur extrem schnell, sondern für den Komfort der Reisenden auch mit Bordrestaurant und Bar ausgestattet war.

Bauart: (1Ao)(Ao1) (1Ao)(Ao1) +(1Ao)(Ao1) (1Ao)(Ao1)
Baujahr: 1976
Leistung: 1800 kW
Länge: 105.900 mm
Dienstmasse: 161 t
Stückzahl: 1

ELEKTROLOKOMOTIVEN

BB 22000

Mit den 205 Maschinen dieser Baureihe fuhren auf französischen Gleisen zum ersten Mal Lokomotiven, denen es egal war, wie viel und welcher Strom aus den Fahrdrähten kam. Ausgestattet mit der Trafoanlage der BB 15000 und der Choppersteuerung der BB 7200 bedienten die bis zu 200 km/h schnellen Loks ab 1976 den Reisezugverkehr in Frankreich.

Bauart: B'B'
Baujahre: 1976–1986
Leistung: 4400 kW
Länge über Puffer: 17.480 mm
Dienstmasse: 89 t
Stückzahl: 205

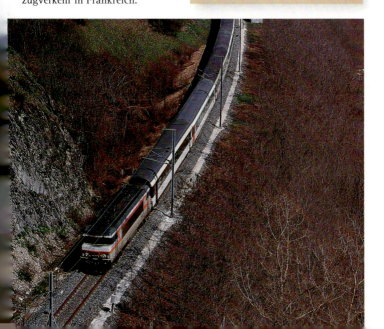

ELEKTROLOKOMOTIVEN

BB 7200

Etwas unübersichtlich ist die Genealogie dieser Baureihe, weil es zahlreiche Unterbaureihen gab, die sich in Bezug auf Motoren, Antrieb und Geschwindigkeit unterscheiden. Einige Maschinen wurden ab 1976 für die Choppersteuerung modifiziert, die anstelle der Thyristoren den Fahrstrom für die Motoren aufarbeitete. Unterwegs waren und sind sie in erster Linie zwischen Frankreich und Italien, wo sie vor schwere Transitgüterzüge gespannt werden.

Bauart: B'B'
Baujahre: 1976–1985
Leistung: 4400 kW
Länge über Puffer: 17.480 mm
Dienstmasse: 86 t
Stückzahl: 240

AEM7 (ASEA)

Am Anfang noch als „schwedischer Fleischklops" verspottetet, zeigte die Rc 4 der Schweden den Amerikanern, dass auch aus „Good Old Europe" leistungsfähige Technik kommen konnte. In der Folgezeit wurde die AEM7 in den Ballungsräumen der USA die Standardlok, die nicht nur für Amtrak, sondern auch für andere Eisenbahngesellschaften das amerikanische Streckennetz bediente.

Bauart: Bo'Bo'
Baujahre: 1979–1990
Leistung: 2250 kW
Länge über Puffer: 15.590 mm
Dienstmasse: 92,5 t
Stückzahl: 47

ELEKTROLOKOMOTIVEN

Serie ICM (Plan Z)

Speziell für den Intercityverkehr produzierte Talbot 3- und 4-teilige Triebwagenzüge des Typs Koplooper für die niederländischen Gleise. Die Maschinen bestachen durch Details: Unter den hochliegenden Führerständen befanden sich hinter den Fronttüren automatisch ausfahrbare und kuppelbare Faltenbälge, die nach dem Vereinigen von zwei Zugteilen in Minutenschnelle einen bequemen Übergang für Reisende entstehen ließen. Ab 1977 fuhren die Maschinen sämtliche Großstädte Hollands an.

Bauart: Bo'Bo'+2'2'+2'2'/Bo'Bo'+Bo'2'+2'2'+2'2'
Baujahre: 1977–1991
Leistung: 1050 kW (3-Wagen-Zug)/ 1875 kW (4-Wagen-Zug)
Länge über Puffer: 27.500 + 26.500 (+ 26.500) + 27.500 mm
Dienstmasse: 59 + 42 + 42 t
Stückzahl: 94 + 50

ELEKTROLOKOMOTIVEN

363 CD, ZSR

Ursprünglich war der Name der Baureihe ES 499.1. Gebaut wurden sie zwischen 1980 und 1990 bei Skoda als Zweisystemloks, die sowohl auf dem 3000-V-Gleichstromnetz, als auch auf dem 25 kV/50 Hz-Wechselstromnetz fahren konnten.

Bauart: Bo'Bo'
Baujahre: 1980–1990
Leistung: 3060 kW
Länge über Puffer: 16.800 mm
Dienstmasse: 87 t
Stückzahl: 181

ELEKTROLOKOMOTIVEN

Reihe E 632

Typisch italienisch: Einen 1000 t schweren Schnellzug mit 160 km/h in der Ebene zu schleppen und 800 t am Haken in 10 bis 15 ‰ Steigung auf 100 km/h zu beschleunigen, reichte nicht aus. Wichtig waren mindestens ebenso großzügig gestaltete Führerstände. Die mit Wendezugsteuerung ausgestatteten Lokomotiven der Baureihe E 632 vereinigten beide Forderungen. Deswegen sind sie auch bis heute im Einsatz.

Bauart: B'B'B'
Baujahre: 1980–1987
Leistung: 4200 kW
Länge über Puffer: 17.800 mm
Dienstmasse: 103 t
Stückzahl: 65

ELEKTROLOKOMOTIVEN

Reihe E 633

Auch wenn die Antriebstechnik weitgehend konventionell war, so handelt es sich bei diesen italienischen, 130 km/h schnellen Lokomotiven doch um eine Innovation. Der Gleichstromsteller erlaubte, die ständig gleichgeschalteten Motoren für 2000 anstatt 1500 V Spannung auszulegen, zudem waren die Lokomotiven wendezugtauglich. Inzwischen werden sie in Italien im Nah- und Güterverkehr eingesetzt.

Bauart: B'B'B'
Baujahre: 1981–1987
Leistung: 4200 kW
Länge über Puffer: 17.800 mm
Dienstmasse: 103 t
Stückzahl: 106

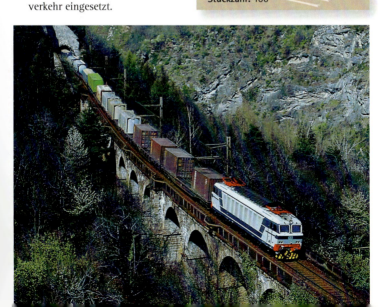

ELEKTROLOKOMOTIVEN

Serie 1700/1800

Die 139 Lokomotiven dieser französischen Serie unterscheiden sich nicht wesentlich von den thyristorgesteuerten E-Loks der Baureihe BB 7200. Bis heute sind sie nur mit geringen Modifikationen im französischen Streckennetz unterwegs.

Bauart: B'B'
Baujahre: 1981–1983
Leistung: 4540 kW
Länge über Puffer: 17.640 mm
Dienstmasse: 84 t
Stückzahl: 139

Baureihe 143 (243 DR)

Mit einer Stückzahl von 646 wird man mehr oder weniger automatisch zum Standard. Dabei hatte es die Baureihe 143 in der DDR alles andere als einfach, denn im Grunde macht es wenig Sinn, wenn eine Lokomotive 160 km/h fahren kann, die Schienen aber nur 120 km/h zulassen. 1982 erstmals gebaut, wechselten zahlreiche Maschinen nach der Wende in den Fuhrpark der Bundesbahn und sind teilweise noch heute im Einsatz.

Bauart: Bo'Bo'
Baujahre: 1982–1989
Leistung: 3720 kW
Länge über Puffer: 16.640 mm
Dienstmasse: 82 t
Stückzahl: 646

Serie 21/27

Die choppergesteuerten Maschinen der Serie 21 und die stärkere Variante der Serie 27 haben sich aufgrund ihrer Zuverlässigkeit und ihrer Robustheit bis heute bewährt. Sowohl im Personen- als auch im Güterverkehr sind sie auf belgischen Gleisen im Einsatz. Wegen ihrer technischen Ausstattung machen sie gerne auch einmal einen Abstecher ins 1500-V-Gleichstromnetz des Nachbarn Niederlande.

Bauart: Bo'Bo'
Baujahre: 1981–1987
Leistung: 3310 kW (21), 4380 (27)
Länge über Puffer: 18.650 mm
Dienstmasse: 85 t
Stückzahl: je 60 = 120

Re 4/4 IV

Als die erste der vier Maschinen 1982 aus den Werkshallen rollte, waren sie für die technische Zukunft im Grunde gut ausgestattet: Eine stufenlose Thyristorsteuerung, aber auch Wellenstrommotoren trieben die Maschine an. Das aber war nicht gut genug. Die Schweizerischen Bundesbahnen entschieden sich für eine neue Serie und tauschten die vier Loks mit der ebenfalls Schweizer Südostbahn. Dort ist man mit den vier Maschinen bis heute zufrieden.

Bauart: Bo'Bo'
Baujahr: 1982
Leistung: 5050 kW
Länge über Puffer: 15.800 mm
Dienstmasse: 80 t
Stückzahl: 4

ELEKTROLOKOMOTIVEN

Reihe ALe 724

Von den 87 gebauten Lokomotiven dieser Serie sind heute 20 im U-Bahn-Betrieb in Neapel im Einsatz. Dabei waren sie zur Zeit ihrer Entstehung durchaus mit Raffinessen ausgestattet, die damals nicht zum Standard gehörten: elektrische Bremsvorrichtung mit Energierückgewinnung, ein Transformator zur Umspannung von 3000 V Gleichstrom auf 380 V/50 Hz Wechselstrom, ein Fahrgestell aus Leichtmetall sowie ein Triebwagen mit sekundärer Luftfederung und eine automatische Kupplung.

Bauart: Bo'Bo'
Baujahre: 1982–1985
Leistung: 1120 kW
Länge über Puffer: 24.780 mm
Dienstmasse: 55 t
Stückzahl: 87

ELEKTROLOKOMOTIVEN

263 CD, ZSR

Für das Wechselstromnetz mit 25 kV/50 Hz lieferte Skoda 1985 zwei Prototypen. Nach der Trennung der Tschechoslowakei in die beiden Staaten Tschechien und die Slowakei Anfang der 1990er-Jahre verblieben die Baumuster in tschechischem Besitz, während die zehn restlichen Maschinen heute mit 120 km/h auf slowakischen Schienen eingesetzt werden.

Bauart: Bo'Bo'
Baujahre: ab 1984
Leistung: 3060 kW
Länge über Puffer: 16.800 mm
Dienstmasse: 85 t
Stückzahl: 12

ELEKTROLOKOMOTIVEN

Baureihe Tsch S 7

Seit 1983 fahren auf russischen Gleisen diese schnellen Lokomotiven, meist in Form einer Doppeleinheit, was sie 6160 kW stark macht. Gebaut wurden die bis heute 285 Maschinen sämtlich bei Skoda im tschechischen Pilsen.

Bauart: Bo'Bo' + Bo'Bo'
Baujahre: ab 1983
Leistung: 3080 + 3080 kW
Länge über Puffer: 17.020 + 17.020 mm
Dienstmasse: 86 + 86 t
Stückzahl: 285

Rc 4/Rc 6

Die seit 1985 gebaute Rc 6 sind die letzten Thyristorloks, die für die Staatlichen Eisenbahnen Schwedens gebaut wurden. Während die Rc 4 und Rc 5 für 135 km/h zugelassen sind, bringen es die Rc 6 auf 160 km/h.

Bauart: Bo'Bo'
Baujahre: ab 1985
Leistung: 3600 kW
Länge über Puffer: 15.520 mm
Dienstmasse: 78 t
Stückzahl: 63

ELEKTROLOKOMOTIVEN

Reihe Ea

Weil in Dänemark die Elektrifizierung erst in den 1980er-Jahren begann, sind sämtlich Lokomotiven neueren Datums und mit moderner Technik ausgestattet. Die ersten Elektroloks waren die ab 1984 von Henschel gebauten 21 Maschinen der Reihe Ea, die anfangs nur auf der Strecke Kopenhagen–Helsingborg, später aber im ganzen Land eingesetzt wurden. Es handelt sich um universell einsetzbare Maschinen für den Personen- und Güterverkehr. Die Wiedererkennung wird erleichtert, weil jede Maschine den Namen einer Persönlichkeit aus Forschung, Technik und Eisenbahnwesen trägt.

Bauart: Bo'Bo'
Baujahre: 1984–1986
Leistung: 4000 kW
Länge über Puffer: 19.380 mm
Dienstmasse: 80 t
Stückzahl: 21

Reihe E 633.200

Mit der E 633 befuhr seit 1981 eine Universallok die italienischen Strecken, mit der die Betreiber rundum zufrieden waren. Weitgehend baugleich war darum auch die Weiterentwicklung der E 633.200, die heute aber ausschließlich im Güterverkehr eingesetzt wird, meistens in Doppeltraktion. Um sie modernen Anforderungen anzupassen, verfügt sie über ein 13-poliges UIC-Kabel sowie das 78-polige Kabel, das ihr zudem den Einsatz bei Wendezügen ermöglicht.

Bauart: B'B'B'
Baujahre: 1986–1988
Leistung: 4200 kW
Länge über Puffer: 17.800 mm
Dienstmasse: 103 t
Stückzahl: 40

Baureihe ETR 450

Italien ist das Land der Pendolini, und bei der Neigezugtechnik haben es die italienischen Ingenieure zu Weltruhm gebracht. Erstmals zufriedenstellend und in Serienproduktion ausprobiert beim Vorgängermodell ETR 400, besticht der zwischen 1987 und 1993 gebaute ETR 450 durch eine nochmals verbesserte Neigetechnik. Die Waggons legen sich nun nicht mehr mit 10, sondern nur noch mit 8 Grad in die Kurven. Darum ist das Reisen selbst bei Tempo 250 höchst komfortabel.

Bauart: (1Ao)(Ao1) + (1Ao)(Ao1) + (1Ao)(Ao1) + (1Ao)(Ao1) + 2'2' + (1Ao)(Ao1) + (1Ao)(Ao1) + (1Ao)(Ao1) + (1Ao)(Ao1)
Baujahre: 1987–1993
Leistung: 5008 kW
Länge über Puffer: 233.900 mm
Dienstmasse: 403 t
Stückzahl: 15

Re 4/4 KTU

Das Kürzel KTU steht für „Konzessionierte Transport-Unternehmung" und heißt nichts anderes, als dass diese Lok auf verschiedenen Schweizer Kantonal- und Privatbahnen auf den Gleisen unterwegs war. Als erste Maschine mit modernen, von BBC entwickelten kollektorlosen Drehstrom-Asynchronmotoren und abschaltbaren GTO-Thyristoren erreichte sie 130 km/h. Die mechanischen Teile kamen von der Schweizerischen Lokomotiv- und Maschinenfabrik in Winterthur.

Bauart: Bo'Bo'
Baujahre: 1987–1993
Leistung: 3200 kW
Länge über Puffer: 16.600 mm
Dienstmasse: 69 t
Stückzahl: 14

162 CD, ZSR

Skoda lieferte den Tschechischen Staatsbahnen Ende der 1980er-Jahre 60 Lokomotiven des Typs 162 CD, die für den Betrieb mit 3000 Volt Gleichstrom ausgelegt waren. Die modernen Lokomotiven sollten die alten Fahrzeuge ersetzen, die seit den 1950er-Jahren die Gleichstromstrecken befuhren. Einige der zunächst 140 km/h schnellen Loks wurden zur Jahrtausendwende umgebaut und damit zum Modell 163.

Bauart: Bo'Bo'
Baujahre: ab 1988
Leistung: 3480 kW
Länge über Puffer: 16.800 mm
Dienstmasse: 85 t
Stückzahl: 60

ELEKTROLOKOMOTIVEN

ABe 4/4 III RnB

Die ABe 4/4 III war die erste Schmalspurbahn in Europa, die über Drehstrom-Asynchronmotoren angetrieben wurde. Der hochmoderne mit GTO-Thyristoren ausgestattete Stromrichter arbeitet den Strom auf und verstärkt die Leistung dieser Lokomotive im Gegensatz zu ihrer Vorgängerin um fast die Hälfte. Heute werden die Lokomotiven im Zweierverbund vor die langen Züge des schweizerischen Bernina-Express gespannt.

Bauart: Bo'Bo'
Baujahre: 1988–1989
Leistung: 1016 kW
Länge über Puffer: 16.886 mm
Dienstmasse: 48 t
Stückzahl: 7

ELEKTROLOKOMOTIVEN

Class 91

Seit Ende der 1980er-Jahre beherrschen die Elektrolokomotiven der Baureihe Class 91 die Strecke London–Glasgow über Peterborough, York, Newcastle-upon-Tyne und Edinburgh. Mit einer Durchschnittsgeschwindigkeit von 200 km/h verbinden sie die beiden Metropolen im Auftrag der Eisenbahngesellschaft Great North Eastern Railway. Ihre Höchstgeschwindigkeit von 225 km/h können sie dort aber nur selten ausfahren.

Bauart: Bo'Bo'
Baujahre: ab 1988
Leistung: 4549 kW
Länge über Kupplung: 19.400 mm
Dienstmasse: 84 t
Stückzahl: 31

ELEKTROLOKOMOTIVEN

Reihe 1044.22

Bis 1995 orderten die Österreichischen Bundesbahnen 90 Lokomotiven der Reihe 1044, die sie zu einem Teil mit einer entsprechenden Vielfach- und Wendezugsteuerung ausstatteten und zur Reihe 1144 machten. Gegenüber ihrer Vorgängerin fuhr die Lokomotive sehr viel geräuschloser, was schlicht durch eine andere Anordnung der Lüfterelemente erreicht worden war. Zu Modernisierungen war es auch im Bereich der Drehgestelle gekommen.

Bauart: Bo'Bo'
Baujahre: 1989–1995
Leistung: 5400 kW
Länge über Puffer: 16.060 mm
Dienstmasse: 84 t
Stückzahl: 90

ELEKTROLOKOMOTIVEN

Serie AM 86/89

Die zwischen 1988 und 1991 entstandenen Triebzüge werden vor allem im Raum Brüssel auf Kurzstrecken eingesetzt. Sie bestehen aus jeweils zwei Wagen mit einer damals neuen Sitzordnung von 2 + 2 statt 2 + 3 in der Zweiten Klasse. Auffallend war damals auch ihre Stirnfront aus Polyester, der die bis zu 120 km/h schnellen Züge ihren Spitznamen „Duikbril" (Taucherbrille) verdanken.

Bauart: Bo'Bo' + 2'2'
Baujahre: 1988–1991
Leistung: 4 x 172 kW = 688 kW
Länge über Puffer: 2 x 26.400 = 52.800 mm
Dienstmasse: 59 + 47 t
Stückzahl: 52

TGV Atlantique

Zu Beginn der 1990er-Jahre plante Frankreich sein neues Hochgeschwindigkeitsnetz auch in Richtung Atlantik auszubauen. Der TGV-Triebwagen wurde zu diesem Zweck weiterentwickelt, und es entstand der TGV Atlantique, der nicht nur aus acht, sondern aus zehn Mittelwagen bestand und eine Höchstgeschwindigkeit von beeindruckenden 300 km/h erreicht. Heute sind 105 Triebzüge im Einsatz.

Bauart: Triebkopf Bo'Bo'; Wagen mit Jakobs-Drehgestellen verbunden
Baujahre: 1989–1992
Leistung: 8800 kW
Länge über Puffer: 237,59 m
Dienstmasse: 484 t
Stückzahl: 105

ELEKTROLOKOMOTIVEN

InterCityExpress Baureihe 401

Mit dem ersten InterCityExpress, dem ICE I, stieß auch Deutschland im Jahre 1991 in neue Dimensionen vor. Erstmals rasten deutsche Hochgeschwindigkeitszüge über die Neubaustrecken Mannheim–Stuttgart und Würzburg–Mannheim. Sie konnten aber auch auf dem bestehenden Schienennetz eingesetzt werden. Hier erreichen sie eine Höchstgeschwindigkeit von 250 km/h, ihre Zulassung weist sogar 280 km/h aus.

Bauart: Bo'Bo'
Baujahre: 1990–1995
Leistung: 9600 kW
Länge des Zuges: 358.000 mm
Dienstmasse: 782 t
Stückzahl: 60

X 2000 der SJ

Vor allem auf der Strecke Stockholm–Göteborg ist seit den 1990er-Jahren im Auftrag der Schwedischen Staatsbahnen ein Schnellzug unterwegs, dessen Wagen sich rasant in die Kurve legen, da sie über Einrichtungen für die Neigetechnik verfügen. Der Zug arbeitet mit moderner Halbleiterelektronik, die den Strom für die Drehstrom-Asynchronmotoren aufbereitet.

Bauart: Bo'Bo'
Baujahre: 1990–1997
Leistung: 3260 kW
Länge: 17.397 mm
Dienstmasse: 73 t
Stückzahl: 43

ELEKTROLOKOMOTIVEN

Baureihe 156 (252 DR)

Es sollte ihre letzte Neuentwicklung sein: Die Reichsbahn vereinigte die Vorzüge der schweren Güterlok 155 mit der Thyristortechnik der 112/143 und nannte die neue Lokomotive, die allerdings nicht über einen Drehstromantrieb verfügte, Baureihe 156. 1991 entstand die Vorserie, die nach dem Zusammenbruch der DDR gar nicht mehr gebraucht wurde. Die vier gebauten Lokomotiven gingen an die Deutsche Bundesbahn, die sie einer Tochtergesellschaft, den Mitteldeutschen Eisenbahnen, übermittelte.

Bauart: Co'Co'
Baujahr: 1991
Leistung: 5880 kW
Länge über Puffer: 19.500 mm
Dienstmasse: 120 t
Stückzahl: 4

ELEKTROLOKOMOTIVEN

Re 460 SBB

Auch die Re 460 SBB der Schweizer Bahnbetriebe leitete ein neues Zeitalter ein. Zwischen 1991 und 1996 entstand diese Lokomotive gänzlich ohne Baumuster, sondern ausschließlich am Computer. Es wurde zwar bewährte Technik eingesetzt, doch gab es zu Beginn noch Probleme mit der Steuersoftware. Die Lokomotiven sind für Tempo 230 zugelassen und waren anfangs sowohl im Güter- als auch im Personenverkehr im Dienst. Heute werden sie nur noch vor Personenzüge gespannt.

Bauart: Bo'Bo'
Baujahre: 1991–1996
Leistung: 4700 kW
Länge über Puffer: 18.500 mm
Dienstmasse: 80 t
Stückzahl: 119

ELEKTROLOKOMOTIVEN

Reihe ALe 642

Für den Einsatz auf den italienischen Gleichstromstrecken wurden zwischen 1991 und 1995 insgesamt 60 Triebzüge der Reihe ALe 642 in Dienst gestellt. Der Triebzug, der Beiwagen Le 764 und der Steuerwagen Le 682 bilden jeweils eine Einheit, die durch eine automatische Kupplung schnell gebildet ist. Reisende fahren gerne mit diesem Zug, da er mit einer Luftfederung ausgestattet ist, die einen hohen Fahrkomfort gewährleistet.

Bauart: Bo'Bo'
Baujahre: 1991–1995
Leistung: 1120 kW
Länge über Puffer: 26.115 mm
Dienstmasse: 64 t
Stückzahl: 60

Class Eurostar

Bauart: Bo'Bo'+Bo'2'2'2'2'2'2'2'2'2'2'2'2'2'2'2'2'2'Bo'+Bo'Bo'
Baujahre: 1993–1995
Leistung: 12.200 kW
Länge über Kupplung: 394.000 mm
Dienstmasse: 752 t
Stückzahl: 31

Der Class Eurostar entstand in britisch-französischer Zusammenarbeit. Von den insgesamt 31 Lokomotiven, die zwischen 1993 und 1995 gebaut wurden, verblieben 11 in englischem, 16 in französischem und 4 in belgischem Besitz. Der Zug kann unter den Fahrdrähten aller drei Länder mit maximal 300 km/h betrieben werden und verarbeitet vier Signalsysteme.

Ge 4/4 III

Zahlreiche schweizerische Bahngesellschaften orderten zwischen 1993 und 1999 die Universallokomotive Ge 4/4 III. Je nach Bahngesellschaft variiert auch die technische Ausrüstung der Lokomotiven, die sowohl im Personen- wie im Rollblockverkehr als auch unter verschiedenen Stromsystemen eingesetzt werden. Alle Lokomotiven verfügen jedoch über modernste Leistungselektronik und zuverlässige wie leistungsstarke kollektorlose Drehstrom-Asynchronmotoren. Heute stehen die Loks im Dienst der Rhätischen Bahn, der Appenzeller Bahnen, der Bière-Apples-Morges-Bahn und der Montreux-Berner Oberland-Bahn.

Bauart: Bo'Bo'
Baujahre: 1993–1999
Leistung: 1000–2400 kW
Länge über Puffer: 14.850–15.560 mm
Dienstmasse: 64–72 t
Stückzahl: 12 + 2 + 4 + 1

TGV Eurostar

Zwischen 1993 und 1994 entstand ein weiteres Modell des TGV, der TGV Eurostar. Da er für den Tunnel unter dem Ärmelkanal bestimmt war, musste er auch unter britischem Fahrdraht mit 750 V Gleichstrom fahren können. Für den Tunnel wurde auch das Lichtraumprofil verkleinert, und der Innenraum ist um 9 cm schmaler als beim älteren Bruder TGV Atlantique. Der Eurostar ist der erste TGV mit modernen Drehstrom-Asynchronmotoren, die eine Spitzengeschwindigkeit von 300 km/h ermöglichen.

Bauart: Triebkopf Bo'Bo'; Wagen mit Jakobs-Drehgestellen verbunden
Baujahre: 1993–1994
Leistung: 12.240 kW
Länge über Puffer: 393,72 m
Dienstmasse: 816 t
Stückzahl: 16

ELEKTROLOKOMOTIVEN

Re 465 BLS

Die Re 465 steht im Dienst des Güterzugverkehrs der Schweizer Lötschbergbahn und kann mit sämtlichen Lokomotiven der Bahngesellschaft in Mehrfachtraktion verkehren. Im Gegensatz zu ihrer Vorgängerin, der 460, bei der ein Stromrichter beide Motoren im Drehgestell versorgte, ist die 465 mit einem echten Einzelachsantrieb und separat gesteuerten Motoren ausgestattet. Die Maschine bringt auch sehr viel mehr Leistung. Auf der Steigung des Lötschberges beschleunigt sie einen 650-t-Zug auf 100 km/h, während die 460 nur eine Geschwindigkeit von 80 km/h erreichte.

Bauart: Bo'Bo'
Baujahre: 1994–1996
Leistung: 7000 kW
Länge über Puffer: 18.500 mm
Dienstmasse: 82 t
Stückzahl: 18

Serie DD-IRM

Im niederländischen Intercityverkehr sind meist die seit 1994 gebauten Doppelstocktriebzüge der Serie IRM unterwegs. Sie sind ausgesprochen komfortabel und neuerdings nicht nur drei- bis vierteilig, sondern können seit 2005 auch auf bis zu sechs Wagen verlängert werden, nachdem Bombardier 378 weitere Einzelwagen geliefert hatte. Ein Teil der neuen Mittelwagen kann nun auch den Wechselstrom (25 kV/50 Hz) der Neubaustrecken aufnehmen.

Bauart: Bo'2' + 2'2' + ... +2'Bo'
Baujahre: 1994–2005
Leistung: 604 kW
Länge über Puffer: 27.500 mm je Wagen
Dienstmasse: 62,2 + 50,4/52,4 t +... + 62.2 t
Stückzahl: 81 Züge

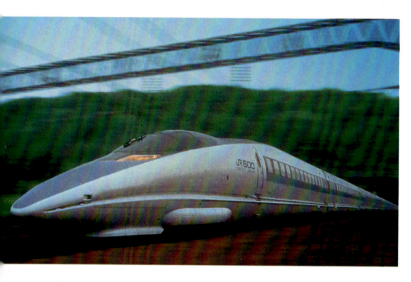

Shinkansen 500

Zu den weltweit bekanntesten Hochgeschwindigkeitszügen zählt der japanische Shinkansen, der in der Version 500 im Jahre 1995 erstmals die Schienen befuhr. Die 14 Mittel- und zwei Endwagen kommen gemeinsam auf 64 Achsen, von denen jede durch einen eigenen Wechselstrommotor angetrieben wird. Bis zu 1324 Fahrgäste können in den Genuss der enormen Laufruhe kommen, die durch eine aktive Federung zwischen Wagenrahmen und Drehgestell ermöglicht wird. Der Zug erreicht eine Höchstgeschwindigkeit von 350 km/h, fährt aber planmäßig nie schneller als 300 km/h.

Bauart: Bo'Bo'
Baujahre: 1995–1998
Leistung: 17.600 kW
Länge über Puffer: 404.000 mm
Dienstmasse: 688 t
Stückzahl: 10 (9 + 1 Prototyp)

ETR 500

Von den Triebzügen **ETR 500** hatte die Ferrovie Statali zwei Serien geordert. Beide Triebzüge bestehen aus jeweils zwei Triebwagen sowie zwölf Mittelwagen. Während die Serie mit den Triebwagen 404.100 ausschließlich in Italien eingesetzt wird, da sie nur unter Gleichstrom mit einer Spannung von 3 kV betrieben werden kann, erreicht die Variante E 404.500 auch französische Bahnhöfe, und schaltet dazu auf die in Frankreich übliche Spannung von 1,5 kV um. Beide Serien erreichen eine Höchstgeschwindigkeit von 300 km/h.

Bauart: Bo'Bo' + 11 x 2'2' + Bo'Bo'
Baujahre: 1995–2001
Leistung: 8800 kW
Länge: 327.600 mm
Dienstmasse: 602 t
Stückzahl: 30 + 30

Reihe 1142

Mit Einführung der Wendezüge im österreichischen Nahverkehr mussten neue Lokomotiven her. Die Österreichischen Bundesbahnen stützten sich auf die bewährten Lokomotiven der Reihe 1042.5 und bauten sie um. Das UIC-Kabel zum Datenaustausch zwischen Lokomotive und Steuerwagen wurde um zwei Pole auf 15 erweitert, und die Lok erhielt neben einigen Sicherheitseinrichtungen Steuerungen für Türen und Beleuchtung. Die Reihe 1142 war geboren und fährt nicht nur im Nahverkehr, sondern auch Güterzüge in Doppeltraktion.

Bauart: Bo'Bo'
Baujahre: 1995–1996
Leistung: 4000 kW
Länge über Puffer: 16.220 mm
Dienstmasse: 82,5 t
Stückzahl: 67

Baureihe 101

Die Deutsche Bundesbahn beschaffte zwischen 1996 und 1999 insgesamt 145 Lokomotiven der Baureihe 101, um im Schnellzugverkehr die ältere Baureihe 103 abzulösen. Sie erreichen eine Spitzengeschwindigkeit von 230 km/h, und zeigen bei 140 km/h eine der Baureihe 152 ähnelnde Zugkraft. Sie wären also auch als Güterzuglok geeignet, wäre da nicht die Bahnreform, die den Einsatz von Universallokomotiven verbietet. Daher wird sie nur an den Güterzugverkehr verliehen, wo sie sich ebenso zuverlässig zeigt wie vor einem Schnellzug.

Bauart: Bo'Bo'
Baujahre: 1996–1999
Leistung: 6400 kW
Länge über Puffer: 19.100 mm
Dienstmasse: 84 t
Stückzahl: 145

ELEKTROLOKOMOTIVEN

ICE 2 (Baureihe 402)

Der große Erfolg des ICE 1 täuschte die DB nicht darüber hinweg, dass er sich nicht teilen ließ und daher allzu oft halbleer fahren musste. Ende der 1990er-Jahre entwickelte sie daher den ICE 2 mit zwei Steuerwagen, der je nach Strecke und Auslastung als Voll- oder Halbzug fährt.

Bauart: Bo'Bo'
Baujahre: 1996–1998
Leistung: 4800 kW
Länge des Zuges: 205.400 mm
Dienstmasse: 410 t
Stückzahl: 46

Serie AM 96

Die Serie AM 96 besteht aus 120 belgischen Dreiwagenzügen. Sie sind ausgesprochen komfortabel und bieten die Möglichkeit, die Führerstände wegzuklappen, um bei einer Flügelzugbildung eine Durchgangsmöglichkeit zwischen den Einheiten zu bieten. Die Triebzüge sind vor allem auf den IC-Linien anzutreffen, wobei 50 Fahrzeuge auch unter französischem Wechselstrom betrieben werden können und von Flandern aus mit einer Höchstgeschwindigkeit von 160 km/h bis nach Lille vorstoßen.

Bauart: Bo'Bo' + 2'2' + 2'2'
Baujahre: 1996–1999
Leistung: 1400 kW
Länge über Puffer: 3 x 26.400 mm
Stückzahl: 120

ELEKTROLOKOMOTIVEN

TGV Thalys

1997 stellte Frankreich 16 weitere Hochgeschwindigkeitszüge in Dienst. Der weinrot lackierte und hochkomfortable Zug entspricht dem zusammenwachsenden Europa. Er durchfährt vier Länder und ist technisch den unterschiedlichen Fahrdrähten angepasst. Die Hochgeschwindigkeitsstrecke Paris–Brüssel–Amsterdam/Köln ist sein Einsatzgebiet, und der Zug kommt unter den Reisenden bestens an.

Bauart: Triebkopf Bo'Bo'; Wagen mit Jakobs-Drehgestellen verbunden
Baujahre: 1996–1997
Leistung: 8800 kW
Länge über Puffer: 200,19 m
Dienstmasse: 424 t
Stückzahl: 16

Baureihe 152

Ende der 1990er-Jahre entstand die Baureihe 152 im Auftrag der Deutschen Bundesbahn. 170 hochmoderne Elektrolokomotiven für den schweren Güterzugdienst wurden gefertigt und in Nürnberg stationiert. Sie sind mit einem Tatzlagerantrieb ausgestattet, der über die eingebauten Drehstrommotoren hohe Leistungen ermöglicht. Auch wenn die Vorgänger, die Baureihe 150 und 151 leistungsstärker waren, gilt die 152 als technischer Schritt nach vorne, denn im Gegensatz zu den ehemals sechs Achsen bewältigt sie ihre Aufgaben mit nur vier Achsen.

Bauart: Bo'Bo'
Baujahre: 1997–2001
Leistung: 4200 kW
Länge über Puffer: 19.580 mm
Dienstmasse: 86 t
Stückzahl: 170

Reihen E 412/E 405

Die Reihe E 412 sollte zwischen Italien, Österreich und Deutschland eine Verbindung schaffen. Im Auftrag der Ferrovie Statali entstand eine leistungsstarke Lokomotive, die problemlos unter den unterschiedlichen Fahrdrähten betrieben werden kann, gleichgültig ob es sich um 3000 V Gleichstrom oder um 15 kV Wechselstrom handelt. Für die Schweiz erhielt die Lok allerdings keine Zugsicherungseinrichtung, und auch für die italienischen Neubaustrecken, die mit 25 kV betrieben werden, ist sie nicht geeignet. Die ähnliche Reihe E 405 wurde für Polen gefertigt, konnte aber nicht bezahlt werden und befindet sich wieder in Italien.

Bauart: Bo'Bo'
Baujahre: 1997–1999
Leistung: 6000/5500 kW
Länge über Puffer: 17.800 mm
Dienstmasse: 88 t
Stückzahl: 20

ELEKTROLOKOMOTIVEN

Serie 3000

Auch die Serie 3000 befindet sich im gemeinsamen Besitz belgischer und französischer Eisenbahngesellschaften. Es handelt sich um 20 Mehrsystemloks, die seit 1998 für den Güterzugdienst wie für den Personenverkehr im Einsatz sind. Gemeinsam mit der fast baugleichen Serie 1300 ziehen sie auf der Nordbahn die Interregiozüge bis nach Liège und erledigen den Güterverkehr von Antwerpen bis zur Schweizer Grenze bei Basel.

Bauart: Bo'Bo'
Baujahr: 1998
Leistung: 5000 kW
Länge über Puffer: 19.110 mm
Dienstmasse: 85 t
Stückzahl: 20

ELEKTROLOKOMOTIVEN

Serie H561–H566

1997 entwickelte die deutsche Hersteller-kombination Siemens-Krauss-Maffei die Lokomotiven der Serie H561–H566 im Auftrag Griechenlands. Sie ähnelt den Eurosprintern und wird auf der einzigen elektrifizierten Strecke des Landes zwischen Thessaloniki und dem Seehafen Fyrom Idomeni eingesetzt.

Bauart: Bo-Bo
Baujahre: 1997–
Leistung: 3650 kW
Länge über Puffer: 19.580 mm
Dienstmasse: 80 t
Stückzahl: 6 + 24

ICE 3 (Baureihe 403)

Ein großer technischer Fortschritt gelang der Deutschen Bundesbahn mit der Entwicklung des ICE 3, dessen Antrieb sich erstmalig über den kompletten Zug verteilt. Er entstand zwischen 1999 und 2004 und erreicht eine Höchstgeschwindigkeit von 330 km/h.

Bauart: Angetriebene Mittelwagen
Baujahre: 1999–2004
Leistung: 8000 kW
Länge des Zuges: 200.800 mm
Dienstmasse: 409 t
Stückzahl: 50

Reihe 1016

Der Eurosprinter-Familie entstammt neben der Baureihe 152 der Deutschen Bundesbahn auch die Reihe 1016, die Siemens für die Österreichischen Bundesbahnen fertigte. In der Maschine versteckt sich hochmoderne Technik hinter einem stromlinienförmigen Lokkasten. Der HAB-Hochleistungsantrieb besteht aus einem Vier-Quadranten-Steller und einem voll abgefederten Hohlwellen-Gummigelenk-Kardanantrieb. Der Prototyp machte 1999 noch Probleme mit den 190-m-Bögen am Semmering, doch bei der Serienproduktion war diese Kinderkrankheit bereits behoben.

Bauart: Bo'Bo'
Baujahre: 1999–
Leistung: 6400 kW
Länge über Puffer: 19.280 mm
Dienstmasse: 86 t
Stückzahl: 125

Reihe E 464

Von 1999 bis 2002 erschienen 140 neue Lokomotiven im italienischen Nahverkehr. Sie sind ausschließlich für Wendezüge bestimmt und haben daher auch lediglich einen Führerstand. Sie lassen sich nicht nur automatisch kuppeln, sondern verfügen auch über einen Zughaken, sodass sie auch mit älteren Fahrzeugen kompatibel sind. Ihre Vielseitigkeit zeigt sich auch im Einbau der beiden Wendezugeinrichtungen mit dem 78-poligen Kabel, das in Italien üblich ist, sowie mit dem 18-poligen UIC-Kabel.

Bauart: Bo'Bo'
Baujahre: 1999–2002
Leistung: 3000 kW
Länge über Puffer: 15.750 mm
Dienstmasse: 72 t
Stückzahl: 140

ELEKTROLOKOMOTIVEN

Baureihe 185

Bis zum Jahr 2008 sollen beim Konzern Bombardier 400 Mehrsystemlokomotiven der Baureihe 185 gefertigt werden, von denen die DB Cargo die höchste Stückzahl abnehmen wird. Die Produktion der vor allem im grenzüberschreitenden Verkehr einzusetzenden Lokomotiven läuft seit dem Jahr 2000. Technisch handelt es sich um eine Zusammenführung und Weiterentwicklung der Baureihen 101 und 145. Die Baureihe 185 ist theoretisch in der Lage, ganz Europa zu durchfahren, was in der Praxis jedoch wohl an den zahlreichen erforderlichen Sicherungseinrichtungen scheitern wird.

Bauart: Bo'Bo'
Baujahre: 2000–2008
Leistung: 4200 kW
Länge über Puffer: 18.900 mm
Dienstmasse: 84 t
Stückzahl: 400

Baureihe 1047 MÁV

Im Jahr 2002 fertigte Siemens im Auftrag der ungarischen Bahngesellschaft MÁV zehn Hochleistungslokomotiven der österreichischen Reihe 1116, die Ungarn unter anderem für den Grenzverkehr nach Österreich einsetzen wollte. Die Züge erreichen eine Höchstgeschwindigkeit von 230 km/h, sind jedoch in Ungarn nur für Tempo 160 zugelassen, da sie nicht mit einer Linienzugbeeinflussung (LZB) ausgestattet sind.

Bauart: Bo'Bo'
Baujahr: 2002
Leistung: 6400 kW
Länge über Puffer: 19.280 mm
Dienstmasse: 86 t
Stückzahl: 10

123

05 001/002	82
05 003	86
142	87
162 CD, ZSR	312
169 002/003 (E 69 002/003, LAG 2/3)	218
18 201 (02 0201)	119
182 CD, ZSR	263
202 001 (DE 2000)	159
202 002, 202 004 (DE 500)	180
228 059/131/203	153
230 CD, ZSR	271
231	67
240 CD, ZSR	277
263 CD, ZSR	305
33.01-10	62
33.501–508	7
350 ZSR	288
363 CD, ZSR	297
46.051 – 061	88
475.1 CSD	98
498.1 CSD	112
556.0 CSD	108
56.117 – 166	102
56.301 – 388	99
560 CD, ZSR	272
742 CD, ZSR	192
754 CD, ZSR	170
781 CD, ZSR	171

A

A 3/5	27
A1A-A1A 68000	162
ABe 4/4 II RhB	269
ABe 4/4 III RnB	313
Ae 6/6 Serienausführung	247
Ae 8/14 11801	230
Ae 8/8 BLS	257
AEM7 (ASEA)	295
ALn668.1200	194

B

B 3/4	31
B23-7 (GE)	193
B40-8W (GE)	201
B42-9P (GE)	206
Bamot 701 GySEV	160
Baureihe 01 mit Altbaukessel	73
Baureihe 01.10	89
Baureihe 01.5 der Reichsbahn	121
Baureihe 03	78
Baureihe 03 Reko DR	122
Baureihe 03.10	90
Baureihe 03.10 Reko DR	118
Baureihe 060-DA	152
Baureihe 101	331
Baureihe 103.1 kurz	279
Baureihe 104 (E 04, 204 DR)	231
Baureihe 1047 MÁV	343
Baureihe 113 (E 10.12, 112, 114 DB)	260
Baureihe 116 (E 16, bay. ES 1)	225

REGISTER

Baureihe 118 (E 18, 218 DR)	235
Baureihe 119.1 (E 19.1)	237
Baureihe 13.0 (pr. S 3)	13
Baureihe 13.16 (wü AD)	22
Baureihe 141 (E 41 DB)	250
Baureihe 142 (E 42, 242 DR)	266
Baureihe 143 (243 DR)	301
Baureihe 150 (E50DB)	254
Baureihe 152	335
Baureihe 155 (250 DR)	289
Baureihe 156 (252 DR)	320
Baureihe 17.0 (pr. S 10)	47
Baureihe 17.10 (pr. S 10.1 1911)	50
Baureihe 17.11 (pr. S 10.1 1914)	57
Baureihe 17.3 (bay. C V)	23
Baureihe 17.7 (sä. XII H V)	40
Baureihe 18.2 (bad. IV f)	38
Baureihe 18.3 (bad. IV h)	63
Baureihe 18.4 (bay. S 3/6)	42
Baureihe 185	342
Baureihe 194 (E 94, 254 DR)	238
Baureihe 2 TE 10 M	197
Baureihe 2 TE 116	182
Baureihe 201 (V 100, 110 DR)	168
Baureihe 211 (V 100.10 DB)	151
Baureihe 218	177
Baureihe 219 (119 DR)	188
Baureihe 220 (V 200.0 DB)	135
Baureihe 228.0 (V 180.0, 118.0 DR)	154
Baureihe 23	106
Baureihe 230 (130 DR)	181
Baureihe 236 (V 36, 103 DR)	127
Baureihe 24	75
Baureihe 264	215
Baureihe 280 (V 80)	132
Baureihe 288 (V 188, D 311)	128
Baureihe 35.10 (23.10)	114
Baureihe 36.7 (bay. B XI Verbundlok)	16
Baureihe 36.70 (pr. P 4.1)	11
Baureihe 36.9 (sä. VIII V 2)	19
Baureihe 375 MÁV	39
Baureihe 38.10 (pr. P 8)	36
Baureihe 38.2 (sä. XII H 2)	49
Baureihe 39 (pr. P 10)	69
Baureihe 403	286
Baureihe 41	83
Baureihe 42	94
Baureihe 43	287
Baureihe 44	74
Baureihe 44 Öl DB	107
Baureihe 491 (ET 91)	236
Baureihe 50	91
Baureihe 52	93
Baureihe 52.80	120
Baureihe 54.15 (bay. G 3/4 H)	64
Baureihe 55 (pr. G 7)	14
Baureihe 55.7 (pr. G 7.2)	17
Baureihe 56.8 (bay. G 4/5 H)	58
Baureihe 57.0 (sä. XI V)	33
Baureihe 58.2-5, 58.10-21 (bad. G 12.1-7, sä. XII H, wü./pr. G 12)	61
Baureihe 58.30 (Rekolok DR)	116

Baureihe 601 (VT 11.5)	148	Baureihe Tsch S 7	306
Baureihe 608 (VT 08.5)	134	Baureihe V 43 MÁV	264
Baureihe 612/613	136	Baureihe WL 60	261
Baureihe 628.4	207	Baureihe WL 8	245
Baureihe 643	211	Baureihe WL 80	267
Baureihe 648	214	Bay. S 2/6	37
Baureihe 65.10	113	BB 15000	283
Baureihe 70.0 (bay. Pt 2/3)	43	BB 16501 – 16794	255
Baureihe 71.0 (pr. T 5.1)	18	BB 22000	293
Baureihe 74.0 (pr. T 11)	28	BB 7200	294
Baureihe 75.5 (sä. XIV HT)	51	Be 6/8 II	240
Baureihe 78.0 (pr. T 18/ wü. T 18)	53	Be/Ce 6/8 III	227
Baureihe 798 (VT 98.9)	138	Big Boy Class 4000 (ALCo)	92
Baureihe 86	76	„Blue Peter"/LNER Class A2	
Baureihe 89.70 (pr. T 3)	12	(BR No. 60532)	101
Baureihe 90.0 (pr. T 9.1)	15		
Baureihe 91.3 (pr. T 18, wü. T 9)	24	**C**	
Baureihe 94.2 (pr. T 16)	34	C 5/6	55
Baureihe 97.0 (pr. T 26)	29	C30-7 (GE)	190
Baureihe 98.3 (bay. PtL 2/2)	44	C36-7 (GE)	195
Baureihe 99.750 (sä I K)	9	C41-8W (GE)	203
Baureihe E 62 (bay. EP 3/5)	219	C44-9W (GE)	208
Baureihe ETR 400	292	Canadian Pacific SD40-2	199
Baureihe ETR 450	310	CC 72000	173
Baureihe JF (Mikado)	65	Ce 6/8 II	221
Baureihe L	100	Challenger Class 800 (ALCo)	84
Baureihe P 36	111	Class 10	25
Baureihe QJ	115	Class 25	110
Baureihe SO	103	Class 26	123
Baureihe SU	71	Class 37	155
Baureihe Tsch MS 3	163	Class 4MT (BR No. 80135)	109
Baureihe Tsch S 2	252	Class 56	191

Class 66	205	GP30 (EMD)	161
Class 91	314	GP39 (EMD)	178
Class Eurostar	323	GP60 (EMD)	200
Class GEA	96		

D

Dampflok 701/702/703	10
Dampflok Nr. 4 (ZB)	45
Daylight (Lima Locomotives)	85
Desiro	212
Dm, Dm 3 der SJ	246
Du 2 SJ	226

I

ICE 2 (Baureihe 402)	332
ICE 3 (Baureihe 403)	339
InterCityExpress Baureihe 401	318

M

M 41 MÁV	183

E

E5 (EMD)	129
E9 (EMD)	164
ET 11	233
ETR 500	329

N

Northlander FP	133

P

PA (ALCo)	131
PA (ALCo/MLW)	149

F

F59PHI (EMD)	209
F7 (EMD)	130
FL9 (EMD)	140

R

Rc 4/Rc 6	307
Re 4/4 II, 2. Serie	280
Re 4/4 III	275
Re 4/4 IV	303
Re 4/4 KTU	311
Re 460 SBB	321
Re 465 BLS	326
Re 6/6 Serienausführung	285
Reihe 05	79
Reihe 1016	340
Reihe 1042	268
Reihe 1042.5	273

G

G 1200 BB	210
G 4/5 RhB	32
Ge 4/4 I RhB	241
Ge 4/4 III	324
Ge 4/6 353 RhB	220
Ge 6/6 RhB	222
GG1 (Pennsylvania Railroad)	232

Reihe 1044.22	315	Reihe ALn 668.1000/1900	189
Reihe 1045 (1170)	228	Reihe BM/BFM 69	281
Reihe 1089 (1100)/1189	223	Reihe Cs	8
Reihe 110	35	Reihe D 345	187
Reihe 1110	249	Reihe Di 3 NSB	143
Reihe 1142	330	Reihe E	59
Reihe 1245 (1170.200)	234	Reihe E 444 R	282
Reihe 15	262	Reihe E 464	341
Reihe 1670	229	Reihe E 632	298
Reihe 17	60	Reihe E 633	299
Reihe 180/180.5	26	Reihe E 633.200	309
Reihe 20	56	Reihe E 636	239
Reihe 2043	258	Reihe E 646	259
Reihe 26	70	Reihe E 656	290
Reihe 28	46	Reihe Ea	308
Reihe 310	52	Reihe EU 07	278
Reihe 328 MÁV	68	Reihe F	20
Reihe 38	97	Reihe M 61 MÁV	165
Reihe 380	48	Reihe M 62 MÁV	169
Reihe 4010	270	Reihe Ma	166
Reihe 424 MÁV	72	Reihe Me	198
Reihe 46	137	Reihe Mo	126
Reihe 51	157	Reihe Mx/My	145
Reihe 659	66	Reihe Mz	176
Reihe 73	41	Reihe Ok22-31	77
Reihe 740	54	Reihe Ol49	104
Reihe 78 (729)	80	Reihe Pt47-65	105
Reihe 83	30	Reihe Ty3-2 (BR 42)	95
Reihe ALe 642	322	Reihe Ty51-223	117
Reihe ALe 724	304	Reihen E 412/E 405	336
Reihe ALe 840	242	RSD-16 (ALCo)	150

S

SD38 (EMD)	179
SD40-2 (EMD)	184
SD45 (EMD)	172
SD60 (EMD)	202
SD9 (EMD)	144
Serie 1110	243
Serie 1200	244
Serie 16	274
Serie 1600	167
Serie 1700/1800	300
Serie 20	291
Serie 21/27	302
Serie 22/23	248
Serie 3000	337
Serie 3600	256
Serie 41	213
Serie 52/53/54	146
Serie 62/63	158
Serie 6400/6500	204
Serie 9401 – 9420 (Typ 48 BB H1)	175
Serie A221 – A233 (Typ UM 10B)	185
Serie A401 – A410 (Typ DEL 20 CC)	174
Serie AM 56	251
Serie AM 62 – 79	265
Serie AM 86/89	316
Serie AM 96	333
Serie DD-IRM	327
Serie DE-2 (Plan X)	141
Serie DE-3 (Plan U)	156
Serie ER 1	253
Serie H561–H566	338
Serie ICM (Plan Z)	296
Serie M	224
Serie Od	21
Serie V 7	284
„Sir Nigel Gresley"/LNER Class A4 (BR No. 60007)	81
Shinkansen 500	328
Stephensons „Rocket"	6

T

TGV Atlantique	317
TGV Eurostar	325
TGV Thalys	334

V

VIA CF40PH-2	186
VT 10 551	139

X

X 1 der SJ	276
X 2000 der SJ	319
X 2700	147

Y

Y 1 SJ	196
Y 6 SJ	142

ABKÜRZUNGSVERZEICHNIS

AB	Appenzeller Bahnen, Schweiz
ABB	Asea Brown Boveri
ALCo	American Locomotive Company
ASEA	Allgemeine Schwedische Elektrizitäts-AG
Aw	Ausbesserungswerk
BAM	Bière-Apples-Morges-Bahn, Schweiz
BBC	Brown-Boveri AG, Wien
BBD	Bundesbahndirektion
BBÖ	Bundesbahnen Österreichs (bis 1945)
BLS	Lötschbergbahn
BLW	Baldwin Locomotive Works
BMAG	Berliner Maschinenbau AG (vorm. Schwartzkopff)
BR	British Railways
Bw	Bahnbetriebswerk
BVZ	Brig-Visp-Zermatt-Bahn (heute Matterhorn-GotthardBahn)
CD	Tschechische Eisenbahn
CFL	Luxemburgische Eisenbahnen
CKD	Ceskomoravska Kolben Danek, Prag
CSD	Tschechoslowakische Eisenbahn
DSB	Dänische Staatsbahnen
DB	Deutsche Bundesbahn, Deutsche Bahn
DR	Deutsche Reichsbahn
EBT	Emmental-Burgdorf-Thun-Bahn, Schweiz
EMD	Electric-Motive Division (of General Motors Corporation)
ER	Estnische Eisenbahn
ETCS	Europäisches Zugsicherungssystem
EVU	Eisenbahnverkehrsunternehmen
FART	Ferrovie Autolinee Regionali Ticinesi
FO	Furka-Oberalp-Bahn
FS	Staatliche Eisenbahnen Italiens
GE	General Electric
GHE	Gernrode-Harzgeroder Eisenbahn (Selketalbahn)
GM	General Motors
GM-EMD	Lokomotivsparte von General Motors
GNER	Great North Eastern Railway
GySEV	Györ-Sopron-Ebenfurti Vasut
HBE	Halberstadt-Blankenburger Eisenbahn
HU	Hauptuntersuchung
IfS	Institut für Schienenfahrzeuge, Berlin
JDZ/JZ	Jugoslawische Staatsbahn
KED	Königliche Eisenbahndirektion der preußischen Staatsbahnen
KPEV	Königlich Preußische Eisenbahn Verwaltung
LAG	Lokalbahn Aktiengesellschaft
LEW	Lokomotivbau Elektrische Werke, Hennigsdorf
LHB	Linke-Hofmann-Busch, Salzgitter
LNER	London & North Eastern Railway
LOB	Lokomotivbau Babelsberg
LZB	Linienzugbeeinflussung
MaK	Maschinenbau Kiel

ABKÜRZUNGSVERZEICHNIS

MAN	Maschinenfabrik Augsburg Nürnberg	SAR	South African Railways (heute Transnet)
MÁV	Magyar Állami Vasutak	SBB	Schweizerische Bundesbahnen
MÁVAG	Ungarische Lokfabrik, Budapest	SGP	Simmering-Graz-Pauker
ME	Maschinenfabrik Esslingen	SJ	Staatliche Eisenbahnen Schwedens
MLW	Montreal Locomotive Works		
MOB	Montreux-Berner Oberland-Bahn, Schweiz	SLM	Schweizerische Lokomotiv- und Maschinenfabrik, Winterthur
NÖLB	Niederösterreichische Landesbahnen	SMF	Sächsische Maschinenfabrik (vorm. Hartmann), Chemnitz
Nohab	Nydkvist & Holm, Trollhättan	SNCB	Belgische Staatsbahn
NREC	US-amerikanisches Motorenwerk	SNCF	Französische Staatsbahn
		SOB	Südostbahn, Schweiz
NS	Niederländische Eisenbahnen	SSIF	Società Subalpina di Imprese Ferroviarie
NSB	Norwegische Staatsbahnen		
NWE	Nordhausen-Wernigeroder Eisenbahn (Harzquerbahn)	SZD	Sowjetische Staatsbahnen
		STB	Stubaitalbahn
ÖBB	Österreichische Bundesbahnen (ab 1945)	Tw	Triebwagen
		VDV	Verband Deutscher Verkehrsunternehmen, Köln/Berlin
OHE	Osthannoversche Eisenbahnen		
O & K	Orenstein & Koppel, Berlin	WEG	Württembergische Eisenbahn-Gesellschaft
OSE	Griechische Staatsbahnen		
PKP	Polnische Staatsbahn	WLF	Wiener Lokomotivfabrik
PZB	Punktförmige Zugbeeinflussung	Wumag	Waggon- und Maschinenbau AG, Görlitz
Raw	Reichsbahn-Ausbesserungswerk		
Rbd	Reichsbahndirektion	ZB	Zillertalbahn
RDZ	Russische Eisenbahnen	ZOJE	Zittau-Oybin-Jonsdorfer Eisenbahn
RhB	Rhätische Bahn		
RoLa	Rollende Landstraße	ZSR	Slowakische Staatsbahn

Bauarten

In Deutschland wird die Achsfolge mit einer Ziffern-Buchstaben-Kombination angegeben. Großbuchstaben nennen die Zahl der angetriebenen Achsen, Ziffern die Zahl der Laufachsen. Sind Achsen in einem eigenen Gestell gelagert, wird dies durch ein Apostroph gekennzeichnet. Einzeln angetriebene Achsen erhalten ein nachgestelltes „o". Eine 2'C1-Lokomotive ist beispielsweise eine Maschine mit drei angetriebenen Achsen, einem zweiachsigen Vorlaufdrehgestell und einer fest im Rahmen gelagerten Nachlaufachse. Eine 1'Do1'-Maschine hat vier einzeln angetriebene Achsen und je ein Vor- und Nachlaufgestell.

Kleinbuchstaben und Ziffern hinter der Achsfolge definieren bei Dampf- und Dieselloks die Antriebstechnik. Ein „n" kennzeichnet eine Nassdampf- ein „h" eine Heißdampflok. Die Ziffer markiert die Zahl der Zylinder, ein nachgestelltes „v" eine Verbund-, ein „t" eine Tenderlok. Steht hinter der Achsfolge ein „de", handelt es sich um eine Dieselmaschine mit elektrischer Leistungsübertragung. Diesellokomotiven mit hydraulischem Getriebe erhalten ein „dh", Triebfahrzeuge mit mechanischer Kraftübertragung ein „dm".

Bildnachweis

Wir danken folgenden Privatpersonen, Firmen und Institutionen für die Bereitstellung des umfangreichen Bildmaterials:
AH-Archiv, Beckmann, Berndt, Bügel/Sammlung Bügel, Bünger, Campione, Deobeli, Eckert, Eisenmann, EK-Verlag GmbH, Fricke, Frick, Gärditz, Geisenfelder, Grimm, Gutjahr, Hehl/Sammlung Hehl, Heilmann, Heinrich, Heisig, Hubrich, Henschel, Hörstel, Kampmann, Kempf, Klein, Klonos, Küstner, Lehmann, Lehner, Lux, Meyer, Moll, Muth, Nelkenbrecher/Archiv EJ, Off, Osenbrügge, Paulitz, Peist, Räntzsch, Ritz, Rotthowe, SBB, Sieger, Siemens, Schmidt, Schuhböck, Schumacher, Sammlung Schulz, Stemmler, Tammearu/Eisenbahnmuseum Haapsalu, TEE-Classics, Tolini, Vollmer, von Ortloff, Vossloh, Wirtz, Wohlfart, Wollny, Zellweger.